U0383347

空间的内向性与外向性

Introversion and Extroversion of Space

车飞　著

中国建筑工业出版社

前言

空间最令人抓狂的地方是我们无法看到它。它无色无味，透明无形，但同时它就在我们的周围，我们无时无刻不被它包围，以至于每个人都清楚地意识到空间的存在，这也正是空间最令人着迷的地方。曾经有动物学家拿着一面镜子给动物看，结果动物在镜子中发现了一个无法被触摸或击败的动物，它们甚至试图到镜子的背后一探究竟。而实际上每一个人都清楚镜子中呈现的是一个镜像了的空间，如同空间在人类视网膜上的成像。对空间的理解是人类区别于动物的特征之一。没有了空间我们既无法行动，更加难以认清自我。

而当我们建造一座房屋时，即便是原始人都知道房屋的内部应该是中空的，并且至少具有人体站立时的高度。如果是实心的，那它就不再是一座可以住人的房屋而成为一座雕塑。因此建筑空间在最初就是被人们有意识和主动地制造出来的。今天我们生活的城市中的大部分空间都是经人工制造出来的。当我们每天都拥堵在上下班的高峰路段上时，不论是在地铁里，高速公路上的私家车里还是在公交车上甚至电梯里，我们知道我们被困住了，而且被困在了人类自己制造的空间之中。

为了消解这种大都市的空间紧张症，人们自费到电影院体验各种更加极端的空间幽闭状况，如被困在海底的沉船、深陷于地下的矿井，或因失去动力而随波逐流的小艇，再或外空间中漂泊的太空船等。被困于空间中并不令人愉快，但是却可以使人意识到空间的重要性以及切身地获得来自空间的经验。因为那些受困于空间中的人们如果最终能够逃脱，正是得益于这些空间，而且也正是这些空间的具体的形式与作用、形态与功能最终拯救了他们。

这些空间的形式、作用、形态以及功能如此重要，怎样才能认识它们，分析它们呢？怎样才能使认识空间成为可能？本书从空间形态的认识论出发，引出空间形态的基本结构形式，也就是它的内向性与外向性。随后将空间形态纳入历史的维度，在历史中观察这一对空间形态的基本结构形式的发生演化。这本书为空间形态的认识与分析提供了一个思路。

车飞

2019 年 2 月 26 日于北京

目录

CONTENTS

导言：空间形态认识论导论

“三十辐共一毂，当其无，有车之用。埏埴以为器，当其无，有器之用。凿户牖以为室，当其无，有室之用。故有之以为利，无之以为用。”

——老子

在《道德经》中，老子非常清晰地讲述了关于人造物的结构形态与空间的关系。也就是说任何人造物的结构形态都不可能脱离空间而单独存在。在老子所举的例子中包括了车轮、容器与房屋。这三样人造物应该说是人类进入文明社会最为重要的发明，也构成了人类文明社会存在的最基本条件。车轮意味着交往与可达性，容器意味着储存与安全性，而房屋则代表着居住与生存。老子认为这三样人造物为我们带来的便利是交往、储存与居住。而人造物的空间所发挥的作用则是可达性、安全性与生存。因此这些空间并非是空无，相反正是这些空间创造了真正的价值使得人类文明成为可能。空间才是人造物被创造的目的而非手段。从这个角度上讲，空间也是人造物。表面上看是车轮、容器与房屋围合而形成了空间，实际上是车轮、容器与房屋在空间中显现。我们自始至终都是通过空间构建车轮、容器与房屋，而非相反。作为空间人造物的车轮、容器与房屋构成了空间形态的三个原型：外向性空间、内向性空间以及表征存在的建筑空间。

1. 如何认识空间？

柏拉图在其《理想国》一书中曾作出了一个关于山洞的比喻。[①] 这同样是一个关于认识论的比喻。在山洞中背对火光面壁而坐的囚徒通过投射在墙壁上的影

---

① 洞穴之喻(Allegory of the Cave)，柏拉图,《理想国》的第7卷。“洞穴之喻”中的“阴影，倒影，实体”体现柏拉图的认识论的三个阶段：光(媒介)，意识，实存。

子来认知世界。这个比喻提示我们看到的世界只是一个现象世界并非其本源。也就是说囚徒们看不到背后的那团火光，但是可以通过对面墙壁上的影子来想象或分析那团火光。用来提供想象或分析的媒介并不是那些随时变化的墙壁上的影子，而是山洞中火光与墙壁之间的空间，正是空间的存在使得认识成为可能。

17 世纪是欧洲掀起科学革命的时代。空间对于笛卡尔而言是绝对的，并被称为“广延之物”。他创造性地将数与形结合在一起，发明了数轴与笛卡尔坐标。对于笛卡尔理性主义认识论，空间就是由看得见与看不见的微观单子构成的“广延之物”。对于经验主义者约翰·洛克而言，空间是被可见或可感的物质现象所界定的，也就是距离、方位、尺寸、形状等。对于极端的经验主义认识论，空间甚至并不存在，因为没有人能够看到或感觉到空间。

假设空间是一个人造物，那么空间必然会呈现出人造物的特征，也就一定会呈现出某种组织形态。作为人造物的空间不可能是匀质的、被动的，仅仅作为直观现象的抽象背景。它同时具有生产性并积极地催生出新的多样性的空间组织，以替代那些老旧的组织形态。

如果从康德的角度来理解作为人造物的空间而非先验性的空间逻辑的角度[①]，意识心灵是通过一套特定的程序来获得空间认知的。也就是直观经验“摄取的综合，再造的综合以及再认的综合”。同时空间认知对于意识思维而言必须是构成性的，对于这三种综合的合法使用得到的空间认知才是有效的，否则是无效的。在这一意义上，无论是洛吉耶的原始棚屋[②]—或是森佩

① 康德鼓励理性主义与经验主义的结合。康德指出，“虽然我们的一切认知是从经验开始的，但这并不意味着认知是从经验中产生的”。

② 洛吉耶革命性地第一次将原始棚屋定义为建筑的开始。最初的棚屋体现了所有的结构逻辑。他认为原始棚屋的另一个成就就是：成为所有建筑的尺度与标准。柱，楣，山墙似乎都起源于原始棚屋。原始棚屋的建筑要素归纳为自然的，理性的，功能化的元素。洛吉耶认为：建筑的真实性来自结构逻辑，提出了一个功能主义的新概念。这个概念取代了实用性功能的定义。洛吉耶成为19、20世纪功能主义论辩的肇事人。

图 1　原始棚屋，马克·安东尼·洛吉耶修士《论建筑》(Essai sur l'architecture)，1755，卷首插图。
图片来源：汉诺－沃尔特·克鲁夫特，《建筑理论史——从维特鲁威到现在》，中国建筑工业出版社，2005，P09

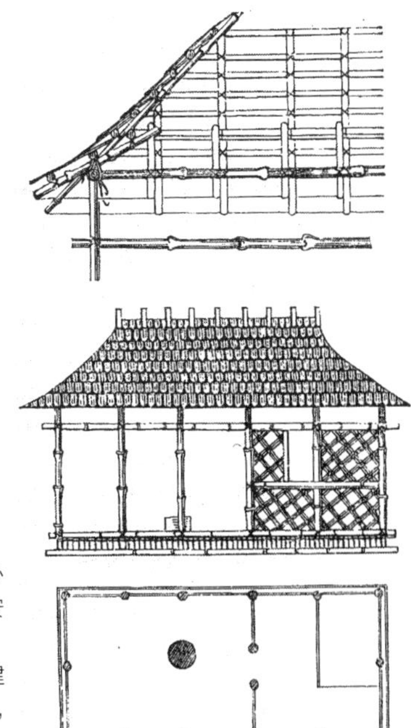

图 2　加勒比棚屋 1851 年英国举办的世博会中展出的特立尼达岛印第安棚屋
图片来源：戈特弗里德·森佩尔，《建筑四要素》，中国建筑工业出版社，2010，P29

尔的加勒比棚屋[①]，都是根据特定的一套综合来操作从而加工并并构成经验，而建筑分析必须符合这些程序，否则将是无效的。

2. 空间是否具有历史性？空间的起源问题？如何在时间维度中认识空间的演变？

如果空间是一个人造物，那么它就应该具有历史性和历史维度。因此空间应该被作为一个历史范畴来思考，它一定具有某些重要的历史时刻，比如现代空间的起源。对于康德，先验性的空间认知其实是空间的起源问题，但之后必须在历史的维度中思考空间的

① 森佩尔反对原始棚屋的起源理论，认为它并没有提供一个直接的原型。更确切地说，建筑的起源和规律，要从建筑初始时期的历史特性中去寻找。所以，森佩尔反对一元化起源理论，而是多种来源。森佩尔这样描述加勒比棚屋："古代建筑的所有要素都以他们最原初的样子呈现出来：火塘是中心，台基被杆件所构成的框架所围绕而形成一个平台，屋顶由竹子支撑，席子则作为空间的围合或墙体。"在他的著作《建筑四元素》(Die vier Elemente der Baukunst)(1851)中，"原始人类社会环境"中，建筑发展的四个基本元素：火塘，屋顶，围护结构和基础。

演变问题。类似于空间认知或者说类似于建筑师的空间认知，本能的空间认知或者无意识的空间认知，实际上也是通过一套综合操作从而加工并构成经验。而这种无意识的空间认知不再是康德的知性的综合，而是在无意识中的被动的综合。从这个意义上讲，建筑分析是建筑师思维的反应与投射，不再具有认识论批判的意义，而空间分析则将主体由建筑单体转化为这个主体在历史时空中所处的环境以及社会空间性状况。这种无意识的空间认知不再是永恒的与普遍的，而是总是处于历史的演化之中。空间的内向性与外向性就是这一构成的内在法则，并且总是随着其历史条件的基础、结构与形式的变化而发生演变。

3. 空间形态为什么源自两种基本形式？

空间的内向性与外向性作为这部著作的名称，而非内向空间与外向空间，这其中隐含着一个清晰的观点：也就是空间同时具有内向性与外向性，而非两种不同类型的空间。

根据康德的《纯粹理性批判》中的观点，空间与时间是先验综合判断。空间实际上是先于经验天然内嵌于人的意识与身体内的。空间与自我的主体意识是一体的，因此空间天然具有一种总体性，如同身体认知。这样，空间就从一开始具有内部与外部之分，如同身体一样，也如同主体与客体的区别一样。这其实是一种自主性，空间先验具有非人的主观意识。根据这种自主性，空间的生成机制具有一种天然的对位关系——内与外。因此，任何空间形态都天然具有这样一种成对的形式，不是分裂为两个不同的空间形态，而是一个空间形态同时具有两个形式。因此所有空间都处于成对的形式关系之中。这种成对性的关系构成了任何空间形态的总体性。如一只海螺、一棵树、一个内燃机甚至是一座城市。如何恰当地理解这一总体性以及多个总体性之间的关系，就需要从其内在的自主生成的成对形式的分析开始。

4. 为什么需要空间分析？

建筑学与建造是矛盾的，但同时这种矛盾却也是生产性的。正因为它们是矛盾的，才可能揭示作为它们的二律背反的空间的本质特征。在欧洲前启蒙时代曾经有两种不同的教堂建筑方法。一种方法是文艺复兴式的或古典主义式的，另一种则是哥特式的或浪漫主义式的。前者依据事先绘制的建筑蓝图来建造，并按照比例或 1 ∶ 1 的模型指导建筑石料的形状与加工。在完成诸多手续之后，某块具体的石料最终才会落实到位。而后者则是现场建造，熟练的工匠依据经验按照营造过程所需进行石料的加工，在筑墙或起拱的过程中，每块石料都是在契合前一块石料的形状并作出适当的调整以补偿。因此，前者是在总体上呈现一种机械清晰性，在具体的操作中则追求程序的正当性。后者则在总体上表现为有机模糊性，而在具体的操作中则沉迷于每一步奏的准确性。这两种方法体现了建筑学与建造之间的原则上的差异、矛盾与博弈。这不仅仅是建筑师、施工监理与施工队之间的博弈，更体现了两种极为不同的认识论观点。而这两种不同的认识论观点在竞争建筑本体意义上唯一交互的领域则是空间。建筑学不断地将建造的成就占为己有，而建造则也不断地模糊建筑学的成就。在这二者之间出现了一个交集——空间。空间既是关于建筑学的，也是关于建造的，空间还是二者的二律背反。空间可以被建筑学理解与分析,因此是理性的。同时空间可以被建造，所以也是经验性的。古典主义的几何秩序与哥特式的大地隆起，或者说公制格网与大地景观在空间中相遇了。空间是建筑学与建造相遇的地方。建筑学依靠模数实现平面的组织，建造则需建立可以被反复复制的原型。前者是水平或垂直的，是 AUTOCAD 式的，有着秩序的诗意。后者没有预设的方向，是 RHINO 式的，有着有机丛生的壮丽。模数与原型是对立的，不仅是认识论上的对立，也在社会性、文化性、经济性和物质性上对立，同时它们彼此在空间中互为预设。空间才是建筑学与建造二者建立真正批判性关系的基础。

必须明确空间是人造物。因此针对建筑学与建造的批判的首要任务就是使看不见的空间人造物可见。这个过程被我称之为空间分析。当然，也有人试图将这种分析实体化成为建筑设计，如屈米在拉维莱特公园设计中的尝试，但是如何在这样的设计一旦建成后始终保持其批判的强度与张力，可能惟有将其自身也作为批判的对象来考虑。

空间人造物被人为地赋予了物的特征，如透明的、轻盈的、有距离的、空置的等。因此，空间理应成为建筑物理与材料学的重要内容。从某种角度上讲，空间是人类发明的第一种人造材料。是建筑围合出空间的吗？不是。相反，是建筑在空间中显现。我们自始至终都是通过空间构造建筑而非相反。

5. 形式的矛盾性

当人们第一次创建了一个人造构筑物之后，人们创建的首先不是一个建筑而是一个空间。实际上，人造构筑物的起源并不是洛吉耶所说的“原始棚屋”而是覆盖人体的衣服。当衣服发展成为一个社会空间之后才可能诞生出建筑。也就是说只有当衣服可以包裹两个人以上时，它才可以称之为社会空间，例如一顶游牧民使用的帐篷。这个最早被创造出来的空间人造物在建筑学中经常同人体之间进行比喻。人们也确实为了照顾好自己的身体而建造一个更大的可以容下自身乃至更多身体的“身体”。因此作为身体的比喻，最早的空间形态也就具有了人体的特征以及性别的差异，如张开臂膀的男性空间以及子宫般的女性空间。每次进入和离开男性的“怀抱空间”都要经历爱欲与离弃的过程。每次进入和离开女性的“子宫空间”则要经历回归与重生为人的过程。对于今天生活在大城市中的人们，男性空间如同商场，而女性空间更像是住家。人们想创造一个属于自己的空间，但是如果想得到这样的空间就需要首先建造一个容纳这样空间的“身体”。这个“身体”在本质上讲就是一种形式：一种创造空间的人造形式，无论是精神上的还是物质上的。

肇始于意大利威尼斯学派的类型形态学失败的核心原因在于其认为形式是形态的结果。这是一种简单的因果论观点。[1]实际上形式源自其自身，形态是形式的合理化。它们之间不存在因果关系。原因很简单，形式无法反证形态，形式演变是不可逆的。因此形态不是指向历史或原因，相反形态指向未来与发展。在此意义上，形式造就了形态。

如同人一样，严格意义上人只有在死亡时才呈现为一种解剖学意义上的形态。活着的人始终都处于运动之中，这种运动既指身体上的，也指心脏等器官上的，同时还包括了精神上的。运动中的活人呈现为一种形式，并且这个形式不再如原始形态中所呈现出的对称和秩序井然。这个形式受到自由意志驱使的同时也受到身体形态和意识形态的不断趋向合理化的约束。

形式具有一种内在的矛盾性，如同运动中的身体，在自由意志的外向性驱动下，身体的每块肌肉都在发

---

① 意大利建筑师萨维里奥·穆拉托利（Saverio Muratori）最早提出了类型形态学概念（Typomorphology）。

生拉伸与收缩，同时身体的每块肌肉又本能地听从自身形态的内向性呼唤，同时性地试图恢复其原初的形态。因此形式与形态永远处于外向性与内向性的张力之中。

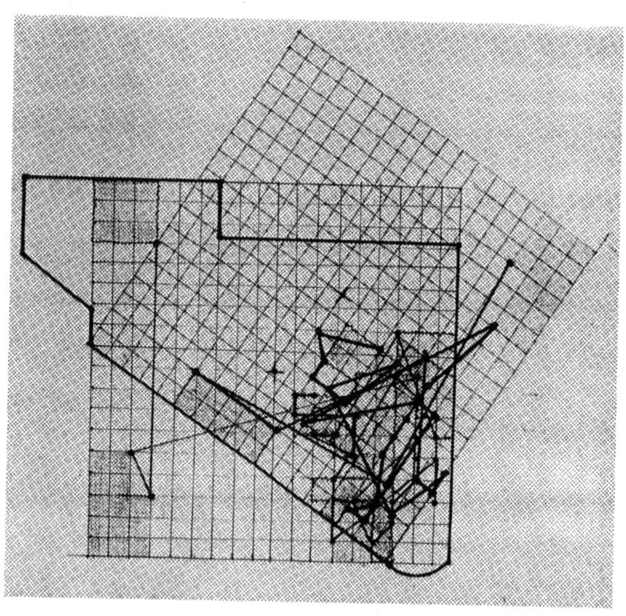

图3　梁思成纪念馆设计方案——源自围棋博弈的矛盾形式（设计师：车飞）
该作品曾于2001年4月8日在中国美术馆举办的首届梁思成建筑设计双年展展出
图片来源：车飞

图 4　梁思成纪念馆设计方案，展出模型照片（设计师：车飞）
图片来源：车飞

空间形式的内在性矛盾就体现在当空间形式与大地紧密结合在一起时，也就是空间形式的形态可以分为内部与外部时，它们本能地产生两个彼此矛盾的冲动：摆脱大地与重力，将自身举向空中，与此同时又希望俯下身躯，钻进土里以回归大地。这种冲动在空间的内部与外部中呈现出下沉与抬升的两种趋势，在空间的开放与封闭中呈现为流动与静止两种趋势。

1　空间的内向性与外向性的起源

内向与外向是一对常用的词汇，当它们被用在空间上时，通常会赋予空间某种人的性格，因此这一术语能够被用于描述空间的某些非自然属性的特质。实际上，空间从一开始就与人造物有着密不可分的关联，如果是在一个自然的环境中，空间并不会自动显现，那里是一个自然天成的世界，如一棵树、一块壁石、一个山洞，而不是一个空间。当人类拥有了独立意识，便开始营造各种人造物，如地穴、高台、广场以至村落。这些人造物位于某些特定的土地之上，并创造了一系列有功能的空间。这些空间都与人的目的有关，并不存在无目的的空间。即便是废弃的空间，那里也充满了人的意图，因此一旦失去了人的意图，空间也就不再是空间了，而退回到了自然状态和它单纯的自然属性。所以，从这个角度讲，垃圾填埋厂一旦完成了填埋工作，这个特殊的空间就消失了。从空间的角度上讲可以说这个空间已经回归了自然。尽管它里面埋的垃圾可能需要数百年，甚至更长的时间才能降解为无毒害的物质。同样，人类建造的墓地可能已经有数百年甚至更长的时间，但是只要这片墓地仍旧以墓园的形式出现，尽管墓主人可能早已成为灰土回归于自然，但这个空间仍然存在，它属于死亡与记忆，而不是自然。

因此，没有人造物就不会存在空间；没有社会分工与社会合作就不会维持空间的存在，没有可靠的和有保障的经济形式就不会完成社会生产与再生产，也不会使空间发展、演变；同样没有人类的文明与多样空间的文化，就不会有充满意义和千姿百态的空间形态。空间既是人类认识世界的手段，也是人类改变世界的目标。这个过程就是把“上帝给予”的自然改变为充满人类目的的空间。

这样空间从一开始就具有：作为人造物的物理结构特征；达成社会分工与合作的社会结构特征；保障社会生产与再生产的经济结构特征；以及人类历史与文

明发展必然产生的文化结构特征。

当最早的人类永久性居住地产生之后，那里就有了最早的地穴式的或半地穴式的人造构筑物或遮蔽所。这些人造物由简单的基础和简易的房顶组成，屋顶与基础明确地界定了室内与室外的空间，因而，空间的物理结构特征就具有内部与外部。根据考古，早期人类构筑的房子，大多都相对较小并临时，甚至不具备现在住房的基本功能，如取暖、烹饪、甚至栖身过夜。但一个独立的人造空间使得家庭的出现成为可能，而不是一个由直接的血缘关系组成的公社。

得益于充足的食物与有效的社会分工，人口数量开始增加，活动范围扩大，不同族群交往增多，以血亲为基础的首属联系开始出现松动，而以社会联系为基础的次级联系开始崭露头角。最早的村落形成了以共同体为核心的社会结构，而在村落的外面或某些部族村落与部族村落之间交换食物、产品或思想的特别的地方，社会空间出现了。这些地方逐渐脱离以饮食和生育为主旨的生存目标，向着更高的层次跨进，并在不久之后形成了最早期的城市。而与其相对应的是大量的散布于乡间的村落。因此空间的社会结构特征就是具有共同体性与联合体性。

当人类最早的村落开始出现，它首先依存于来自血缘的族群而建立，在“我们”与“他们”的区别中，村落的一切都属于共同所有。但独立的住房及其内部空间使得空间与使用者产生了独殊的关系。于是某处可以贮藏自己使用习惯了的工具：如男人使用的锤子、木棍，女人使用的首饰、炊具等。这里当然是公私不分的，但在共同拥有之间，特别的使用权逐渐出现并将演化出私有资产与私有制。许多考古发现，古老的人类聚落大都由一些小型的房子围合组成，并在其中间空出一片空地，在其中建造某些功能性构筑物：如贮藏食物的地穴、集体活动的广场或服务于某种共同信仰的构筑物。这里的空间已经出现了集体活动的共同空间与各自居住或栖身的特别空间。因此，空间的经济结构特征也就具有共同性与特别性。

而经过一段时间的使用后，这些构筑物就会同它的使用者建立某种感情。使用者会维护这个结构，甚至加强这个结构，他们的信仰与当地的气候和资源，必然产生出某些特别的地方文化，例如：他们偏爱用某些色彩来装饰内墙；喜欢用某种图案来纹饰陶罐；甚至使用某种特别的方法来搭建房顶。当这种地方文化一旦形成，它便会不断自我加强，并强调它独一无二的价值，以此来区别于其他的文化。因此，空间的文化结构特征也就具有当地性与外来性。

空间随着人类的生存与发展而产生的在物理形态结构特征——内部与外部；社会形态结构特征——共用体与联合体；经济形态结构特征——特别与共有；文化形态结构特征——本地与外来，就构成了最早的内向空间与外向空间。也就是内部的、共同体的、特别的、本地的内向空间与外部的、联合体的、共有的、外来的外向空间。因此，空间自起源就具有内向性与外向性。而以上的种种特征也就构成了最早的内向性与外向性的空间形态的结构因素。

2　空间的内部与外部

将空间区分为内部与外部是人类古老的传统，它甚至可以被称之为人类的天赋本能。如同一栋建筑于树枝上的鸟巢，它清晰地界定了小鸟之家的内部与外部，也如同老虎会在自己的领地边缘排尿来留下气味以界定自己的领地范围。因此，上述这种将空间人为地划分为内部与外部的习惯可以追溯到人类的远古时代。

根据考古和人类学的发现，人类最早期的永久定居地的出现大约是在公元前 9000 年到公元前 7000 年，那时的房屋只是被用来临时使用。某些考古发现，当时的居住者居住在邻近的山洞之中，但在一年中的某段时间会居住在一些简单搭建的房子之中。例如在大约公元前 9000 年，位于今天土耳其和伊朗边界的扎格罗斯山脉的丘陵地带的沙尼达尔的扎维居民的村落中，一些由编织物、芦苇和席子构成的不牢固的地面构筑物，覆盖着圆形或椭圆形的地面基础。而附近就是沙泥达尔的洞穴，很可能这里与早期村落同时被使用。在这些房屋的地基之上约一米，有一堵石质的墙，它为芦苇制的圆锥形屋顶提供了支撑。

是什么促使人类离开安全而舒适的洞穴进入一个人造物中居住？在石器时代，人类的生产方式主要是狩猎和采集。而依据这种生产方式，每平方公里土地的供养力只有大约3.5人左右。因此他们需要扩大活动范围以生存。在距今大约15000年前，人类才开始获得较为充足，有保障的食物来源。那时的人类开始捕食鱼类、蚌类并种植块茎作物。

2.1 空间的内部及其核心

是什么促使人类反复进入到一个人造物的内部又千方百计去搭建一个可供反复使用的空间人造物呢？这是因为有某种事物，因具有不可替代的价值，而迫使人们不得不以它为核心，并引发了此后的一系列行动。这核心就是最早的,人造物空间的内部形成的基础。同时人类衡量彼此是否处于某一空间的内部也取决于彼此和这个核心的形式上的关系。在史前，最先形成的这类空间的核心大多是具有象征性的。

2.1.1 象征性核心：墓地与圣地

早在人类依靠族群，并产生强烈意识去利用自然资源生存的时代，也就是在人类永久性聚落产生的过程中并远远早于城市出现之前，这种精神上的具有象征性的核心就存在了。通过考古得知，在远古人类就有敬重死去同伴的行为。在世界各地，远古的人类都会为逝去的同伴营建墓地，不论它的形式可能是某个山洞、某个地穴或某处特定的景观地带。这些安葬不仅为死者提供了死后永久的居所，而且也为活着的同伴、族群提供了一个定期追思乃至交往的空间。虽然目前还无法得到考古证明，但是墓地的营建很可能要早于永久性住所的建造。而墓地空间是一个只属于这些人或这族人的纪念性的内部空间。因此，墓地就构成了最早的人类活动空间的核心之一。这个核心的指向——死亡，并不是终结与空无，相反它是建设性的，它为史前人类仍处于流动性生产方式之中的采集和狩猎的生活中，提供了一个人与空间的稳定关系，也为某一群人提供了对某一块土地和这块土地所自然给予的空间的特权。这个象征性的中心，虽然不一定直接形成早期人类的定居点，但氏族时代的氏族墓地所构成的死亡社区的确对活人社区的形成甚至早期的城市形成有着紧密的关联。实际上，早在近现代中产阶级涌入郊区住宅居住之前，最早迁往郊区的便是城里的墓地。因此，当人们想从外部进入城里时，最先看到的可能不是高大的城墙，而是路边的众多墓地。这也说明这个空间内部的象征性的核心并不一定会与功能上或物理尺度上的几何中心相重合，它甚至可能出现在内部的附近。

除了墓地之外，另外一个空间内部的象征性核心是圣地。据考古发现，早在远古人类的旧石器时代，人类就具有其他动物所不具有的超出生存与繁衍的其他需求与兴趣。它可能会是一小串贝壳组成的项链，也可能是用石头雕成的动物与人形的小雕像，甚至是画在岩壁或陶土上的某些图案，而这些都与人的精神需要或精神交往有关。在远古时代，人类会定期前往或定居在某些岩洞之中。例如北京周口店的洞穴，北京猿人和山顶洞人都曾在里面长期生活、居住。而某些岩洞或岩壁上留下了大量史前人类活动的遗迹，如各种岩画。这些岩画，许多都绘制精美、生动，充满了想像。它们的内容多与当时的生活相关。法国的拉斯考克斯和西班牙的阿尔塔米拉的岩洞虽然不是人类的居住地，但却是当时人类的某种仪式举行的中心地。这些对于当时人类具有特别意义的岩洞，无论是出于风俗、信仰或是其他原因成为区别于其他自然空间的一块特别的场地——圣地。它确定了某一群人与某一特定地点之间的关系，而这一关系也使得这群人具有了区别于他人的特殊性。因此在此后的年代中，这群人为了强化这一特殊性或这种关系，也就需要反复回到这一地点，甚至继续强化它的物理特征，进而锻造出这一特别的活动核心——圣地。

圣地是人类活动的精神核心，以各种形式出现在世界各地。它可能是一个洞穴、一片岩壁、一口水井、一座山峰或其他。这一地点具有强大的感召力，吸引人们定期前往这里举行活动，而这些活动往往具有精神上的需求。这样，这个精神中心也就构建出了这群人在精神上的内部与彼此的团结认同，并且与某一特定的空间地点相关。

2.1.2 功能性核心：火炉空间与天井空间

功能性核心是人类活动空间发展中的又一个核心特征。大约在距今 10000 或 12000 年，人类开始掌握耕种与驯养动物并历史性地进入定居时代。这时永久性的定居点形成了，在这些早期的村落中，人们开始有意识地建造各种功能性的空间：如房舍、炉灶、畜舍、粮仓、水槽、地窖、议事厅甚至广场等。这样，围绕着生存与繁衍为核心的早期人类活动第一次拥有了各类活动职能的分工，并且这种分工还与某一块特别的土地产生了紧密的联系，甚至还赋予这块被人工改造过的，或充满人造物的土地以特殊的职能——这个职能就是功能性空间。而在此之后的漫长历史中，直至今天，这些空间功能从村落发展到城市，而后又出现在居室中、机器中、电脑的虚拟空间中，甚至太空里。

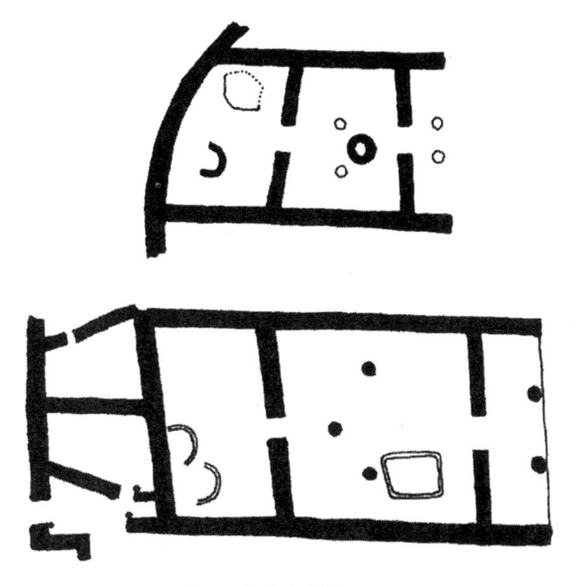

图 5 塞萨利（Thessaly）的早期中央大厅
图片来源：斯蒂芬·加的纳，《人类的居所——建筑的起源和演变》，北京大学出版社，2006，P24

功能性空间的出现，首先在于组织化的社会生活与社会分工的出现，尽管这个社会的组织分工可能只涉及族群内部的小群体之间甚至只是基于性别或年龄之上的分工。在一个以功能为目的的人造物空间的内部，一定会有一个功能性的核心，同时这个核心也就界定了这个空间的功能以及什么是这个空间的内部。例如古代美索不达米亚地区出现的“中央大厅”式屋顶，如在赛萨利和赛斯科洛的早期“中央大厅”。这种房屋建有一个中厅，在其中设置有火炉，围绕着火炉，一般有四根支柱支撑房顶。而在这个中厅一侧或两侧可能还有一间或几间其他房间。[①]显然这个有火炉的空间就构成了这个房舍内部的主人或家庭生活的功能性核心。尽管这个核心可能出现在房舍的一侧或前端，但考古中发现这里可能是房舍中唯一具有取暖甚至照明功能的空间，因此也就自然成为房屋中人们生活与交流的核心。这种起源于安纳托利亚地区的“中央大

---

① 参见：斯蒂芬·加得纳，人类的居所：房屋的起源和演变，汪瑞 等译，北京：北京大学出版社，2006。

厅”式建筑向西传入荷马时代的希腊并产生影响。例如，阿尔西纳斯宫殿中被立柱环绕的火炉设计。

同样的房舍空间的功能性核心，因为地理环境的不同也呈现出多样性的特征。在北欧，寒冷的天气，使得取暖的火炉被置于中心，并为房屋提供尽可能相同距离的热辐射。而在炎热的中东地区，中厅中的火炉变成了开敞的天井。同样，这个天井也位于房屋的中心，良好的通风有利于房屋的降温，因此，这里也成为人们活动的核心。

空间内部的功能性的核心，并不是固定不变的，它可能因为使用者的需要而发生变动。因为有了人的定居才有了这种因需要而产生的功能，而这个功能才可以因为人的需要的改变而被有意或无意的改变。甚至有时，这个功能性的核心有可能因多种功能的需要而出现多个核心，也就是在一个内部空间会同时或前后有多个功能性核心出现。它既可能发生在村落乃至城市中，也可能出现在房屋等人造物中。例如，在古代的特洛伊，以火炉为核心的“中央大厅”式房屋与从天井为中心的房屋形式被结合在一起。既使用炉子来做饭又在庭院中乘凉。

功能性空间与功能性核心的出现得益于人类社会化的提高，主动的组织和安排生活，不论这些功能的目的是生存或是繁衍后代甚至享受，它们都与某一特定土地有关，并赋予它以特殊的核心功能。而这个功能不再是分享性的，它独立构成了一个内部空间，而人们与这个内部空间关系的确定不取决于人们与它的功能性核心的关系，而是人们与这块内部空间的土地的关系。

2.1.3 物理性核心：中央大厅

物理性核心是人造空间中的另一种核心特征，大约在公元前 3000 年前后，人类最早的城市差不多同时出现了。此前分散在村落中的许多社会功能突然被强制性地聚集在一起，在一个相对狭小的空间内部发生了聚变。此前人类活动中已有的许多因素，如圣祠、集市、住宅、堡垒、墓地、泉水等都被集中在一起并相互影响，发展壮大。它们成为今后城市生活的基础。

在城市里人们脱离了以生存和繁衍为宗旨的轨道，开始有了更多的兴趣与目标，更多的分工与职能，更多的组织与合作。同向外拓展定居点的村落文明不同，城市是社会权利的内聚合。城市像容器一样形成了一个复合功能的更大的内部空间，这个内部空间不再像村落那样是防御外部空间的内部，而是积极主动的有攻击性的或试图统治外部空间的内部空间。

这样一个城市因为宗教或是王权，将各种长期分离的社会因子聚合在一起，并产生强大的综合效应。在这一过程中，各种功能空间更加分化复杂，与此同时，与其空间相关的人的目的也就越来越多而复杂。它们交织在一起，相互影响并产生了复合的功能空间。这种空间显然已经超出了各个局部空间的主人或使用者的理解与控制之外，因而王权有助于恢复空间的秩序和效率。

只有压倒一切的目标与权力才能在纷繁的功能空间及其目的中，强行建立一种秩序。这当然也有助于空间内部的稳定与发展。在城市中，不论是城市自身或是某个部分，空间都依据一种“轴式原则”进行组织。[1]空间依据一个“中枢系统”分化发展,而这个“中枢系统”能够使权力通过层级向每一个组织或局部空间传达。因此，为了这个人造空间组织的形成。首先需要建立一个形式上的核心——也就是在这块土地内部的物理形式上的核心。对于一个城市，它可能是宫殿或庙宇；对于一座房屋，可能是中庭或大厅，总之，这里是权力行使于此块土地的核心。城市文化的发达，促使人们追求形式与内容的统一。因此，许多城市建筑或城市空间在营造之初，就刻意地在意识形态中确定了一个物理形式上的中心，并赋予它同超越他者的权力相一致的空间特征。而这个内部空间的核心不再是象征性的，也不再是功能性的，而是一个物理尺度上的权力的形式。尽管指向这个中心的是压制与顺从，但它也形成了美学形式，特别是它将几何形式上的秩

① 参见：Mumford, Luwis. *The city in history*, New York：Harcourt, 1989. P34。

序与位置同权力上的聚合与传递等同起来。例如，源自美索不达米亚的中央大厅式建筑，在迈锡尼的文明中，发展成为宫殿，这个宫殿的中心也称为“中央大厅”。在这个大厅的中央有一个很低的圆形火炉，并有四根柱子支撑着屋顶。实际上，这个火炉只是风俗的遗存，它甚至已经不具备职能上的中心性了。所以此后，希腊人设计出柱廊取代了火炉。

在此后的漫长年代里，秩序与位置的形式法则始终是一个内部空间是否具有强大能量的象征。而在这个形式的几何中心往往都被神圣化了，并被设置为神像、祭台、王座或其他该空间最高权力的物质特征。这样空间的内部具有了一个物理性的核心，并依据它设计或搭建整个人造物空间。不论是美学还是权力意志，它很快就发展到需要将形式与内容统一起来的阶段，在维特鲁威的《建筑十书》中描绘的希腊、罗马的公共建筑中可以看到，这种努力已经从整体贯穿至每一个细部。在那里，人们将一块土地上的物理性核心同掌握这块土地的权力联系在一起，有时甚至可能产生某种幻想：即只要掌握了土地的核心，也就掌控了这个空间的内部及其全部力量。

总之，在城市人造物产生之后，作为与外部空间相对应的内部空间，就具有了三种类型的核心性：象征性核心、功能性核心和物理性核心、与此同时，内部空间的核心也就具有了这三种特征：象征性、功能性和物理性特征。此外，内部空间与外部空间的关系，有时可能是防御的；有时又可能是统治的；有时也可能是和谐共生的，因此种种可能性都取决于其内部核心的力量。

2.2 空间的外部与边界

如果将人的身体看作一个空间，那么皮肤之外的部分就可以称之为外部空间，当人们的身体移动时，这个外部空间也相应地移动。[①] 当人类开始适应定居生

① 实际上也可以讲人体的内部比喻为一个内部空间。人的心灵或主体意识就是这个内部空间的象征性核心，大脑以及心脏就是功能性核心，而肚脐与腹部则是物理性核心。

活，在一片固有的领地和其中的人造物之间生产生活时，外部空间也就停止了它的移动，并逐渐产生了其特有的特征。就像皮肤定义了身体空间的外部，而不是头脑或心脏。一个空间的外部的界定既不是来自空间的内部的定义，也不是来自外部空间的内容，而是取决于它们之间的边界。类似于空间内部的中心性的特征，空间外部的边界也具有象征性、功能性与物理性特征。

2.2.1 象征性边界：地标

不像确定一个空间的内部的核心那样明确、清晰。早期人类活动的外部空间常常是不确定性的。在采集和狩猎的时代，外部空间可能在白天随着狩猎者或者采集者的活动而不断迁移，到了夜间，外部空间可能是以人们临时宿营地的某些天然特征为边界，如小河、洞口、灌木；甚至也可能以宿营地火光的照射范围为边界。因此，只有当人们开始有了固定的居住地点，外部空间的边界才开始逐渐显露出来。

早期人类活动空间的边界都与自然环境特征有着紧密的关联。当人类开始定居在某个聚落中，并开始向村庄发展的过程中，人类身体的痕迹就自然而然地在定居地附近出现并沉积下来。这些频繁出现的身体的痕迹，出现在房舍的地基；出现在墓地；出现在耕地；也出现在采集果实的山坡和狩猎动物的树林中。这些痕迹由于人群生产、生活的分工而进一步被有目的的强化，于是边界就成为某种可见的地标。尽管有时它可能并不一定是纯粹通过人的手工制造的，例如村口的一棵大树，但这棵大树一定是为人所知，并与充满人的目的的某一块特定的土地具有关联。大树因此成为某村的地标。聚落连同其周围的土地、山林构成了定居者的活动空间，在聚落与聚落之间是共用的森林或其他自然景观，而在这片共用的土地上，可能存在某些固定的空地或地点用于交换物品甚至可能通婚。这里是聚落人们活动空间的边界，同时也作为地标象征着与外部空间的某种关联。因此，这里也就构成了空间外部的象征性边界，因为这个边界可能是不确定性的，也可能出于偶遇，也可能是意象性所指的某一区域，而强烈的自然地貌的地标性特征很可能成为它的参照物。此外，根据考古，许多古老的聚落的边界并不是封闭的，而是开放的，在定居地的边缘也许只有一排篱笆或一个排水沟甚至是完全开放的。只是在较晚的时期，静态的围墙或守卫武器才出现在边界上。

现在所知的最早的永久定居地可能出现在公元前9000多年前位于现今土耳其的沙尼达尔的扎维舍尼。根据考古，这里建有圆形基础的构筑物，它有一堵一米高的石墙，用于支撑简易的屋顶。这种空间还没有功能区分，人们还处于群居的方式，可能只是一年中的部分时间来此居住，而其他时间可能住在附近的山洞，但即便如此，不坚固的房屋还是创造出了一个人造的边界，它将不同的人覆盖其下，与自然和部族暂时分开。虽然人们可能会轮流使用这些空间，但它具有强烈的象征性，将内部与外部区别开来，无论是对于使用者个人还是整个部族。

象征性边界广泛地出现在原始聚落的周围，它可能标识出圣界的范围，也可能标识出步入墓地的入口，也可能标识危险区域的范围，或是路标等。象征性边界代表了某种不同，区别于内部空间的差异。它指向一个精神性的外部空间，而这个外部空间是在自己的熟识的土地之外的某块土地而不是外部的全部。

2.2.2 功能性边界：街道与墙

大约在人类早期聚落向村庄演变的过程中，功能性边界出现了。原始村落的出现意味着农业和畜牧业的出现，它使得剩余粮食与剩余人力的产生成为可能。这样村庄中就会产生更多的劳动分工与不同的功能性空间。这样土地就面临着细致的分配与功能划分，因而在内部与内部之间，外部与外部之间就会出现越来越多的功能性边界。

在新石器时代的塞浦路斯，有一个被称之为基罗基蒂亚的定居地。这里发现了可能是历史上最早的铺砌道路。这条铺砌路穿过村落，越过小山，直到河的另一边。道路似乎存在于人类频繁活动的任何时间与空间，但是在基罗基蒂亚，街道的萌芽已经出现，并使他区别于其他道路。一种有目的的，具有强烈功能性的细长带状的土地被第一次刻意地建造出来，用以区别被脚踩踏出来的日常的人类身体的痕迹。街道的出现代表着一种在内部与外部之间的功能性边界的出现，它不再是一种象征，它代表着不同功能的土地的内部被有意识地连接在一条共同的边界上，而这条边界也就意味着外部。实际上，边界并不是纯粹封闭的和防御性的，它同时也是连接内部与外部的桥梁和通道。在基罗基蒂亚刻意铺砌的道路将村落外部的边界渗透到了原本村落的内部，这样的结果就使村落的土地拥有了更多的边界：一方面使得决定生产生活的分工与合作的权力增加了；另一方面使得土地的细分和土地功能的组织成为可能。由此，内部与外部被更加紧密地联接在一起。在这个变化中，街道、出入口、门的使用构成了更为复杂的功能性的边界，它使得村落的外部空间更加清晰，并具有目的性与功能。

在街道出现的同时，甚至更早，人造的墙体或围合物可能就出现了。早期的人类房屋，许多是在地面挖洞，然后再在半地穴的上方覆盖围合物。[①]这种地穴与围合物通常都是圆形的或近似圆形的。最早可能在大约公元前7000年的时代，墙和矩形平面的房屋开始出现了，如巴勒斯坦的贝达等地。房屋被大体上以矩形的方式修建，墙体开始被有意识地建造，甚至被涂上颜色，地面也涂以灰泥，这样一个房屋的墙体，地面和屋顶从所在的土地中生长出来，并形成各自的功能与特征。人造墙体的出现，标志着土地功能区分的明确与稳固。从此，空间人造物的形态结构向越来越复杂的功能方向发展。人类的房屋从圆形发展为矩形经历了一个漫长的过程，这个过程也是人类定居点从原始聚落向村落发展的过程，也是人们对土地使用效率提高，以及强行赋予土地以各种功能的过程。各种

① 这种围合物的出现要早于屋顶的出现。因为屋顶作为一种独立的建筑元素需要在其他建筑元素的共同配合下才能够共同构成一个建筑。其他的建筑元素，如：地基，围墙，梁柱等。

墙体与街道在村庄中定义了外部空间。它们在空间的内部制造了外部，无论这个以边界形式出现的外部多么细小，但这个边界却是由无数个内部空间的功能性核心的控制边界所组成。功能性边界是外部空间的起点，它已经不是外部的某种象征，而开始指向某块特定的具有某种功能的土地。虽然功能性边界是人造物，但它因为与土地的紧密相连，所以仍然是土地在三维空间中的延伸，并强化其自然特征。

2.2.3 物理性边界：城市与立面

随着城市这个有史以来最大的人造空间形态的出现，如同内部空间的物理性核心一样，外部空间的物理性边界也开始被制造出来。城市中的房屋开始大量地并更加有目的的建造。代表最高权力的王宫或庙宇位于城市的中心，而其他功能的空间如住宅、仓库、作坊等围绕在其周围，这些土地密集地集中在一起形成一个共同的内部空间——城市。

城市的出现，促使一个更加强大的力量或权力的出现以整合或组织更加复杂而多样的功能性土地空间。因此连接各个细小的内部空间的边界被这个强大的力量整合到了一起。外部必须进一步拥有更为准确的物理特征，于是包括城墙在内的各种边界的建造，如沟、墙、篱笆、柱廊、高台等等被大量的建造出来。它们建造的初衷大多数并不是为了防御敌人，而是进一步强化城市里土地的物理边界特征，并强调对这些土地行使神圣的权力。这些被强化的边界不再是普通意义上的墙，它们变为了具有形式美学与象征意义的建筑立面。根据维特鲁威的《建筑十书》，人们将身体的尺度转变为比例与模数并运用到建筑之上，这样形成了五种不同柱式及其相应的几何空间类型。这样具有几何形式的审美的空间边界就与同样性质的内部空间同时出现。如同这个内部空间的核心是神圣的，这个外部空间的边界也是神圣的，因而这个边界也就具有了超越生存与繁衍的更高的精神追求，同时它也是一个内部空间区别于其他的标志。

而街道——作为边界的延续和城市神圣权力的载

体，在一些非自然形式的城市中，以意想不到的方式重新塑造了城市。这种几何学形态在被用于房屋的平面与立面的建造之后，又开始被运用到街道上来。例如公元前5世纪希波丹姆斯规划的米利堤城。道路网被布置为垂直相交的格网。道路被分为主要道路和次要道路。前者为5~10米宽，后者为3~5米宽。主要街道相距50~300米，次要道路相距30~35米，组成了标准的矩形街区。这样就形成了均匀的城市用地。每个街区的长宽约30米和52米。每个地块可以独立或联接为不同的功能，如公共活动区或住宅等。城市内首次出现了空地，这块空地不同于城外的野地，尽管空地可能还未被建造设施或其他东西，但它具有人造物的特征，它是一块具有闲置功能的内部土地。因此在米利堤城这种特殊情况下，物理性边界的形态特征赋予城市空间以强大的效率，棋盘式大街与城墙相配合成为城市占据外部空间的强大象征，也为组织和整合内部空间的全部力量，并将这些力量快速均匀地分布到边界上提供了条件。城市的发展为各种物理性边界提供了条件，立面与街道在各自的发展中甚至走向了融合，它们的形态结构越清晰，说明其内部土地的权力越集中。

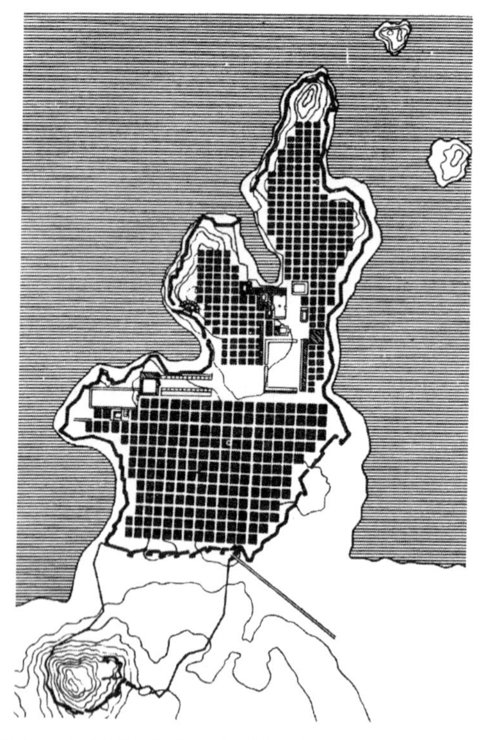

图 6　公元前 5 世纪希波战争后由希波丹姆斯规划的米利堤城的平面图
图片来源：贝纳沃罗，《世界城市史》，科学出版社，2000，P146

如同空间内部的核心性特征的发展，经历了从原始聚落到村庄再到城市的发展，空间外部的边界的特征也经历了共同的发展，它所呈现的特征：象征性、功能性和物理性相继呈现。它们并不是相互取代，而是逐渐积累，共同呈现在最晚出现的城市之中。虽然城市似乎用围墙挡住了外面的一切，但实际上与城市连接的大街将外部的边界早已带到了城市的各块土地之旁，因而外部并不在城墙外面的远方，而就在每人的身边。这样的土地需要一种组织化，它将内部的安全寄托于共同边界的可达性之上。

城市是内部空间与外部空间发展的顶峰，这个内部空间的发展状况取决于它的核心的力量，而外部空间存在的标志就是它与内部空间之间的边界，外部与内部的变动也取决于边界的变动和对它的控制。内部空间与外部空间的存在完全依赖于土地，它们各自在土地上建造出一个又一个的强烈特征。而一旦失去了土地，这些特征也就失去了意义，或者被改造，或者被遗忘。

3　空间的内部与外部的转型

空间的内部与外部在城市出现后的几千年中，经历了漫长的历史时期，但是它们与土地之间的紧密联系，使得它们始终是空间人造物最重要的物理特征之一。但在15世纪到17世纪的欧洲，随着某些新的历史因素的出现，这种空间与土地之间牢不可破的关系开始松动，甚至酝酿着质的转变。这些新的历史因素是：一种新的经济方式——商业资本主义开始出现并使得重商主义开始压倒重农主义；一种新的政治与社会结构——寡头统治和中央集权专治开始出现，并使得近代的民族国家开始形成；一种新的知识生产方式——理性主义与经验主义认识论催生出了17世纪的欧洲科学革命，并使得机械制造与精确计算成为时尚；还有一种新的文化传播形式——自由的市民社会文化及近代信息传播媒体业开始发展。这些重大历史变化在 17 世纪之前还并不明显。欧洲经历了 14 世纪黑死病大瘟疫之后，到 16 世纪，人口逐渐恢复，随后教会统治的中世纪社会结构瓦解。在国王、教会、贵族封建主与自治市之间的权利争夺中，对商业经济权利控制的重要性开始迅速大于对农业经济权利的控制。社会权利转移到掌握军队、控制经商路线和囤积大笔资金的人的手中。支撑中世纪社会各方面的支柱——教会，被俗世的君主所代替，并展现出强大的整合力量。商人阶层不断扩大并作为一种重要的政治力量迅速显现，甚至商业城市的繁荣使得空间的内部与边界更加开放，以利于商业发展，减少商业壁垒。这也有助于形成一种开放的资本主义文化，以客观与实效打破各种思想上的障碍，科学与技术被结合到了一起，推动了文艺复兴运动。商业行为在对抗贵族、地主与教会的重农思想时，希望得到君主的保护。商业利益与世俗权力达成了共识，因为君主专制的秩序既能保护商人的安全，又能促进商业市场的发展。这也促成了近代官僚国家机构的发展，它将君主专政等同于国家，并将这种权力投射到力所能及的每一个空间中去。如果说中世纪的哥特建筑是信仰与技艺的结合，那么这里所产生的则是权力与技术的结合——巴洛克城市。

较早出现的文艺复兴运动与较晚出现的巴洛克城市共同改变了人们固有的对空间与土地的内部与外部的认识，三田制度消失了，使得土地大片集中甚至集中到国家实体手中。实物交换转变为货币交换，使得土地使用权本身被纳入货币体系之中，成为商品。对于牛顿物理学，土地不再是神秘和独一无二的，它被科学地认识并改造。现在是依照人造物定义每块土地的特征，而不是相反，甚至在巴洛克园林中，土地和田野本身都成为人造物。此外，广阔的土地成为商业及各种信息自由交换的场所，尽管这个场所会依附于某处土地，但它却具有流动性。土地和此前强加于土地之上的空间秩序——内部与外部发生了强烈的转变。在这种转变中，人们开始更多地关注更为精确的空间而不是原始的土地本身。在这个过程中，新的空间性逐渐显现并形成。空间的内部与外部的概念也逐渐被封闭空间与开放空间的概念所取代。

3.1 内部的转型

内部与外部是人造物与土地之间的紧密关系所确定的。当这种关系开始动摇的时候，内部与外部作为人造物在自然之中的空间的整体性产生了分裂。在这种动摇之中，内部空间与外部空间的形态特性首先发生了变化。

3.1.1 开放核心 几何逻辑中心

随着中世纪城市走向衰退，特别是文艺复兴时代的城市中，内部空间核心的最主要的特征，无论是象征性的、功能性的还是物理性的，都发生了重要的转变。在几个世纪之中，中世纪的一些旧有的组织机构，都出现了衰退的现象。这可以从休伊曾加的著作《中世纪的衰落》中看到。虽然这种衰落削弱了来自内部空间的土地的主要拥有者：贵族、教会、地主等的道德权威，但他们的物质财富却始终增加。内部空间核心的神圣性逐渐消退，它的物质性开始同它精神层面的不可侵犯的神话、奇迹和绝对权威相脱离。这样，内部空间的核心更多地体现在精神层面，而非物质上了。也就是此前物理性特征的核心性，最终同神圣性脱离从而服务于使用者——业主，也就是那些掌握资本与土地的人群。意大利文艺复兴建筑师阿尔贝蒂在 1450 年关于建筑学的小册子中有一幅草图：在一个有限的矩形地块的中心，由一颗钉子确定轴心，并从轴心处沿水平和垂直各有一条线延伸至边界。通过中心点和两条相互垂直的轴线，一个建筑的基础平面就确定了。这样，一个几何逻辑上的绝对抽象的中心取代了物质上的核心，而这个抽象的几何逻辑中心则是一个可以无限小的交叉点。这种抽象的几何逻辑中心开始形成了一种最早的概念：不再是维特鲁威总结的五种柱式或传统习俗，而是来自抽象的几何形式甚至是黄金分割——一种理性逻辑上的人造物——尽管它以更能体现造物主的意图来表明其神圣性与权威性。这个内部空间的几何逻辑中心一方面变得透明和虚无，另一方面它不得不向所有能读懂它或试图读懂它的人开放。在文艺复兴时代的意大利，一些试图读懂这个逻辑上的中心性的思想家们试图在混乱的世界中发现与探寻一种潜在的秩序或规律。画家们便开始研究透视学与几何学；雕刻家们则研究人体构造和人体解剖知识；建筑师则专注于运用几何数学方法研究各种比例关系。从布鲁乃列斯基开始，真正的现代意义上的建筑师出现了。他们寻求从一个概念出发，去模拟完美而又平衡的宇宙秩序，创造出抽象和谐的物质空间。阿尔伯蒂在《论建筑》中确定了九种设计教堂的理想平面图：圆形和由此发展而来的八种多边形设计。圆形的平面和球形的穹顶成为对完美的精神概念追求的物化特征。例如罗马建筑师伯拉孟特设计的圣彼得殉教之所的坦比哀多。在圆形平面的几何中心位置对应着球形穹顶的中心，这里本应是祭坛和领圣体的中心位置，但由于正圆形的平面，使得教士和教徒无法集中在空间的一侧进行仪式活动。因此，祭坛不得不放在一侧的壁龛上，同时圆形的平面也削弱了方位感，使得从前的祭坛在西，而人们向西朝拜的意识被消解了。这样本该是神圣的中心区被使用这里做礼拜的人群所占据，而最重要的神圣祭台却放在了角落或次要的位置。这个几何逻辑中心终于不再不可触摸，它向所有愿意进来的人们开放，也许这里还是上帝的居所，但主人变成了家人，而家人变成了主人。

3.1.2 内部开放

几何逻辑中心具有的开放性使得空间的内部逐渐开放并且试图加强内部与外部的空间联系。一个分享式的开放的内部出现在许多文艺复兴时期城市建筑的设计之中。新的城市寡头和各种资产阶级新贵族开始建造自己的宫殿，并将这个宫殿作为权力的象征开放向城市。这种将内部开放，并非希望普通人分享他的权力，而是希望人们承认他的世俗权威。因此，将内部的几何逻辑中心与宽大的通道连接起来，成为开放内部空间的方法。米开朗琪罗在洛伦佐图书馆的内部就设计有这样一个特别的楼梯，这个位于建筑内部的楼梯并不是为了处理室内外的高差，而是特别强调了这个空间内部的开放，并以此形成了一个门厅。楼梯的设计与休息平台相结合，并增加了许多雕塑特征的装饰，使得楼梯具有了一个舞台的特征，它展示了人们从内部走出并站在其上的舞台戏剧效果，而并非是人们从外往内走进时的匆匆背影。

梵蒂冈的圣彼得大教堂的设计建造过程则将这种几何逻辑中心的开放上升到具有普世价值的层面。老的圣彼得教堂是一座从君士坦丁时代存留下来的巴西利卡建筑，此处也因圣彼得的陵寝而成为一座圣祠。在 1505 年，教皇乌利西斯二世任命伯拉孟特以更新的名义，以圣彼得的陵寝为核心重新设计建造新的圣彼得大教堂。老的圣彼得教堂是古罗马巴西利卡建筑与圣祠的结合，而新的圣彼得教堂的几何逻辑中心则定位在陵墓之上。伯拉孟特以此中心设计了一个对称的希腊十字教堂，并在中央设置了一个巨大的穹顶。这样这个几何逻辑中心与遗存的圣祠核心就共存在一个更新了的圣彼得教堂之中。1513 年，拉斐尔开始接手这个设计，并将平面改为拉丁十字。此后到 1546 年由年老的米开朗琪罗接管这个设计，又重新回到希腊十字平面，在顺利的施工后于 1585 年开始修建穹顶。直到 16 世纪末，由卡尔洛·马德纳最终将它改为拉丁十字平面图，以适应举行仪式时，宏大人群与空间容量的关系。他还在入口处增加了一个门廊。最终这座伟大建筑的内部来自大地的核心与来自空间的几何逻辑中心达成了“共识”，同时保留了各自的特征：物质性中心的象征性——圣祠被安置于拉丁十字中心点的地下；功能性——祭坛则位于陵墓的上方也是整座建筑的功能核心；物理性——祭坛所在位置正是拉丁十字平面上部的中心点。而几何逻辑中心则保留在巨大的穹顶之下的空间中，因为仰望穹顶仍然能强烈地感受到球形空间与拉丁十字平面的精神感召力。

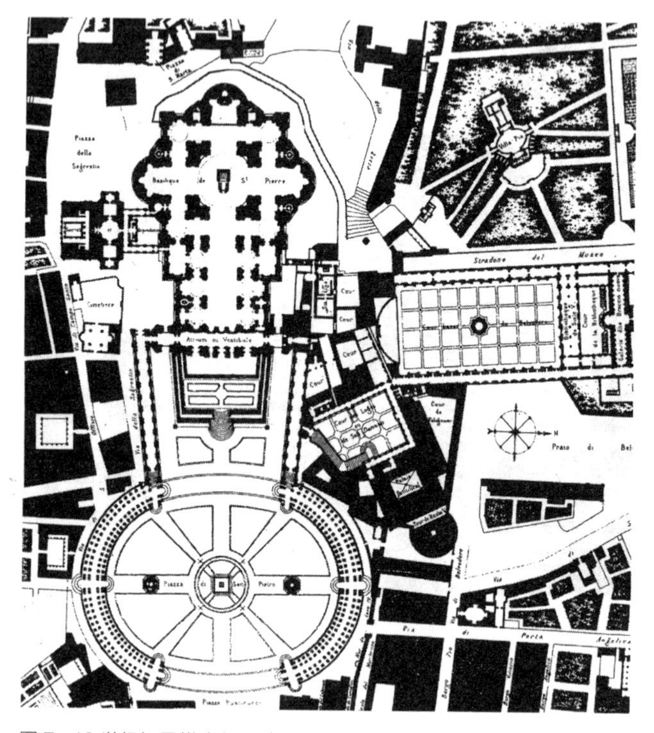

图 7　19 世纪初雷塔洛伊利（Letarouilly）著作中的圣彼得教堂综合体规划图
图片来源：贝纳沃罗，《世界城市史》，科学出版社，2000，P629

这样普世教会的核心性与几何逻辑中心性在圣彼得教堂被独一无二的建造于一体。内部空间封闭性的核心与抽象并强烈希望被人看到的几何逻辑中心对外部空间有着十分不同的诉求。经历了文艺复兴，城市社会生活开始向市民社会转变。在17世纪中叶，建筑师贝尼尼为了加强教堂与城市外部空间的联系，最终设计了壮观的柱廊，柱廊从教堂门廊延伸出来并围合成了一个完全开放的广场。而柱廊远端的入口处并非是封合的，而是完全开放的，使得柱廊与广场能够完全融合到城市空间文脉之中。这样柱廊成为教堂内部空间与外部空间的过渡，使得其几何逻辑性中心的内部与开放的城市的外部空间建立了一种稳固的空间关系。同时这个过渡空间也成为开放的社会生活空间中的一部分。伴随着教会从公共领域以及世俗权力中的日渐退出，将这个几何逻辑中心开放向市民空间成为一个迫切的需要。

3.1.3 开放内部的特征——中心 + 通道

开放性的中心性，因为其具有分享性的特征，因而造就了建筑中的共享空间。它要求这个空间能够与其他外部空间联系在一起，也就是将安全的内部与可达的外部连接在一起。这就使得这个内部空间的中心必须与通道连接在一起，甚至它本身也具有了通道的功能特征。这样，这个开放的中心性就产生了一个分享性的并具有抽象功能的中心大厅以及与其相连的通道。

早在16世纪英国的富裕贵族和商人的住宅中就开始出现类似特征的建筑。在建筑的平面中央设置一个大厅，大厅内还设有壁炉及烟囱。这里成为整栋建筑最重要的空间。此外，在大厅的尽端有宽大的楼梯通往二层的客厅和二层的长走廊用以连接各个房间。在首层，大厅与户外紧连，有时在大厅的一侧或前面会设置一个门廊，而其他的功能空间，如厨房、食品库等环绕在其周围。这样，具有交通功能的中心大厅成为开放的内部空间的中心特征。尽管，这种大厅也出现在中世纪的英国庄园住宅中，但它们之间存在本质的区别。大约12世纪末，英国的庄园主开始从城堡走出，居住在由“过厅+厅”组成的简单的一个房间的庄园住宅里。这种一个房间的住宅将各种生活功能置于同一个屋顶之下，“过厅 + 厅”的组合成为了一个内部空间的功能化的核心。类似于意大利的教堂综合体，“过厅 + 厅”在其后的年代里，围绕这个结构为核心在其周边开始增加各种附加的空间，最终成为一个生活综合体。过厅的一侧开始出现食品库等新的功能性空间，而在大厅的另一侧增加了起居室，并在二层增加了主卧室，此外还在过厅的一侧增加了餐室，在过厅上方有用作乐队表演的过廊。到 15 世纪，在餐室的墙壁上开始设置凸墙，直到 16 世纪时的伊丽莎白时期，受到意大利文艺复兴建筑的影响，这种将大厅设计在建筑几何性中心，并强调对称的建筑才开始出现。于是传统庄园住宅的水平轴线功能空间，从左至右的仆人使用的功能性空间如厨房、食品库，到过廊、到大厅，再到主人及客人用房的等级性内部空间，现在变成了沿垂直轴线组织的功能化空间。过厅被水平方向置于大厅的前方而非侧面，形成了实际的前厅。而功能性的服务空间则出现在靠近过厅的两侧，其他家庭成员使用的空间则被布置在大厅尽端的左右两侧。这样在严格的“三段式”几何布局中，从门厅到大厅形成了纵深的等级序列结构。这种空间序列的变化是服务于它的内部空间的开放性中心——大厅及其几何性中心与通道的形态结构。

这样，在文艺复兴时代里，内部——中心呈现出一种开放性，这种开放源自其内部的神圣核心向抽象的几何性中心的转变。这种转变促使它的内部开始与外部相妥协，并短暂地形成了一种开放性中心的特征——“大厅 + 通道”。这一进程同时意味着空间作为一个抽象的实体开始被功能化。也许功能是源于人的自然属性，但是空间的功能化却是逻辑的产物。这个进程显然是受益于 17 世纪的科学革命以及启蒙运动。

3.1.4 封闭中心

1517 年马丁·路德发表《九十五条论纲》引发的宗教改革，得到了许多地方选帝侯的支持，很快各种新教组织发展起来。天主教会和新教都不得不向诸侯国和国王靠拢，这样欧洲就分裂为北方的新教和南方的天主教两大阵营，随之发生四次大的战争。在这一过程中，普世教会的世俗政治体系瓦解了，它的税收与法律的特权随同它的社会统治一起瓦解。王权在这个过程中被极大加强，世俗权力向君主手中集中可以极大地提高其效率。近代的民族国家开始形成，并使得国家内所有土地空间的权力都集中向君主或朝廷。这样，两种思想产生了，一种是君权神授，试图恢复权力核心的神圣性；另一种是："朕即国家"，试图将这种逻辑几何中心扩大到整个国家的尺度。前者试图在时间维度回答权力的起源。后者则试图在空间维度回答权力的合法性边界。

这样，那个分享性的开放几何中心被无限退缩到王权之上的权力中心所取代。这个权力中心不再是分享的而是隔离和封闭的，尽管它对外试图无限延伸，但在它的中心则是一个极尽缩小的内部，任何人或事物都不能触及这一法律和权力的终极形式——绝对君权。法国的亨利四世颁布了《南特法》，声称在精神上享有宗教自由。从此教会开始从世俗世界后退，并转入私人领域之中。这也使得不同信仰的人有可能成为邻里生活在同一社区之中。在君主的权力不断加强之后，宫廷的所在地发展成为权力综合体进而演变为城市形态。随着自治市与市民自治性的削弱，首都城市却发展起来。在路易十四时期，他在距巴黎 18 公里的凡尔赛修建新宫。勒沃设计了宫殿，勒诺特设计了宏大的园林。带有两翼建筑的宫殿，展开的两翼与宫殿正面的空间形态类似于贝尼尼加建的圣彼得广场。在这里同样形成的一个被构筑物环抱的广场上却设置了围墙与大门，同时这个广场也不像圣彼得广场那样由开放的柱廊组成并完全紧邻城市空间且开放于市民。在它的周围是宫殿前的大花园，有三条放射状鹅爪道路从宫殿的建筑中心发散出去，以表达权力的行使。附近的小镇被隔离在外，只能仰望宫殿的壮丽。在宫殿的轴线中心点是国王的接待厅——镜廊，由孟莎设计，这个背向城市而面向后花园的空间，因其墙壁上的巨大玻璃镜子而闻名。这里的空间十分空旷，它的几何逻辑中心与权力的核心象征弥漫其中，就像国王投射在镜子里的身影无处不在。路易十四将政府和朝廷都搬到凡尔赛宫，意图在这里形成一个新的首府。勒诺特设计的壮观的轴线对称的花园，像一座迷你的城市，只不过建筑被绿篱和树植所取代，街道被水渠和步行道所取代，而市民则被士兵、官员和仆人所取代。在这个封闭的内部，国王建立了一个迷你的花园式首都。在这个封闭而安全的内部，它的核心不再是圣迹或普世精神，而是绝对君权及其合法性。而这个核心，就是神圣不可侵犯的国王本人，并且还在四处游荡。

3.1.5 内部封闭

国家将原来各种与土地相关联的权力，整合在一个权力机构的官僚体系之中。这不仅削弱了地方封建主及贵族诸侯的割据力量，也使得各自治市、行业公会、社团甚至乡村社区的独立性被削弱。国家成为一个统帅一切政治领域和土地空间的抽象实体。因为以国家安全的名义可以超越其他一切利益之上。对于路易十四，国家安全就等同于君主权力。在所有的社会组织中，只有家庭是除国家之外唯一被承认的天然具有合法性的团体。在几个世纪之前，连国王都惧怕被开除教籍，现在每一个人都可以主动或被动地从国家社会中的公共领域退入家庭的私人领域之中。这样家庭就成为一个具有保护性的安全而温暖的内部。家庭内部空间成为游离于国家权力机关之外的封闭空间。家从一个土地的生产单位转变为一个城市空间结构的单位，家从家庭成为住家。在这里，市民的自主权不再源自土地而是土地上人造物的内部空间。

这样，以前城市社会中的许多功能都被复制到这个家庭内部空间之中。也许市民们没有能力像路易十四那样创造一个“迷你首都”——凡尔赛宫，但是市民可以像君主一样在自己的家庭内部增添各种功能的空间与隔墙，例如图书馆、浴室、餐厅、客厅、画廊、沙龙等。自 17 世纪，这些功能在这个封闭的内部繁殖壮大。这些内部功能不但逐渐脱离了与土地的关联，也与生产无关了，如同凡尔赛宫。在家庭内部，功能空间序列的排列也是依据权力而划分的，中世纪大家庭一起用餐的大饭桌消失了，厨房的复合功能被分割开来，佣人只能在楼梯下吃饭了，并有专门的杂物间和食品库等，而主人与客人则享用起居室、会客厅、餐厅等。在这样一个封闭的内部空间，甚至也同城市一样，可以划分为共用和专用的空间。走廊连接了各个相对独立的房间，使得这里成为“内部城市”的街道；而大厅作为会客和交流的地方，则成为“内部城市”的广场；一个个的独立房间或属于男主人或属于女主人，或是其他专有功能，它们成为“内部城市”的建筑群。内部空间的功能化使得家居综合体诞生了。

中世纪时代只同在一个屋檐下的大房子，现在发生了内爆，住家以业主的身份而非地主，创造了一个自我封闭的多姿多彩的内部空间。它以前庭后园将自身隔离在外部空间之外，并用一道大门来控制内外的交流，在这个封闭的内部空间，业主如同君王其权力无处不在，并用无数道门来充分体现这种权力，在这里内部空间的核心——精神性中心被物化为门。

3.1.6 封闭内部的特征——中心 + 门

17 世纪更加市民化的英国乡村贵族不再喜欢伊丽莎白时代开放的大厅。大厅的空间被隔成许多独立的空间，这样大厅就变成了过道或兼作楼梯间的入口门厅。在门厅的后面设置了沙龙或起居室，这样沙龙或起居室代替了大厅成为建筑内部的功能中心。在罗杰·普拉特 1650 年完成的克鲁斯希鲁住宅中门厅与起居室被设计在建筑的中轴线上，在建筑中心的水平方向设计有一个内部走廊用以连通各个房间，主人与客人使用的房间被安排在靠近中心十字轴线的周围和楼上，而佣人使用的服务性空间则被布置在建筑两端的狭小空间之中。来自意大利文艺复兴的十字轴线和对称仍然被保留着，但开放的门廊变为了紧闭的大门，而位于十字轴线交点上的精神核心也随着大厅的解体而转变为了交通过道。从这个中心点环视四周，不是门就是楼梯，但这些门也正是这个精神性中心的权力象征。实际上，将独立房间在封闭的内部空间组织起来的不是通道而是门。因此，此前建筑中从未出现的走廊的创造，不是为了内部空间的开放，而是为了实现封闭空间内部的权力集中。

封闭的内部作为对外部城市的模仿，加剧了功能的复杂化，还将室内墙面当作迷你的城市立面，并为之增加了许多装饰与家具陈设等。一门新的学问从此发展出来——室内设计。最先，它试图在封闭的内部空间中创造出一个外部空间。这样，空间的内部与外部的关系被复制到了封闭空间之中。它们甚至继承了内部与外部空间的某些特征。巴洛克时代，封闭的内部空间变成了一个没有外部的内部，并使它根本区别于此前时代的内部空间。

3.2 外部的转型

空间的外部与空间的内部本是一对相互对应的概念，因此在空间内部转变的同时，它的外部也同时发生了转变。而这种转变，首先是内部与外部之间相互可以转换并构成整体的稳固关系遭到了破坏，使得外部与内部相互独立开来，并产生各自新的特征。

3.2.1 封闭边界

直到 15 世纪时，针对城市的防御比攻占城市始终占有技术上的优势。但 15 世纪后期火炮的出现使得这种来自土地内部对外部的优势被倒转了过来，贵族军队开始明显威胁到自治市的生存。自治市开始放弃普通市民守备城墙的传统，而是雇佣职业军人，并在城市边界上展开防御。一种由工程技术发展出来的复杂的防御工事被创造出来。它有简易的外围工事、阵地还有凸角和棱堡。墙角与护城河变成了宽广的永固工事和无人地带。这种运用科学方法的空间技术最早在 1521 年由工程师普洛斯皮罗 · 科龙那在米兰防御战中获得实际检验。在其获得成功之后，意大利军事工程师在米兰设计的建筑防御工事就迅速在欧洲各地广泛应用。这样的工事修建使得城市变成了要塞，以至于新的防御工事所占的面积常常比城市的占地面积还大，而工事的宽度的增加取决于敌方火炮射程的增加。在法国著名的主教黎希留统治时期，甚至下令把城市防御工事外围的房屋全部拆光。这样城市就无法再像中世纪，当人口增加时就扩建新的城墙。因此城内人口激增，建筑密度增大，土地价格因投机而飞涨，城市开始大量建造 5~6 层甚至更高的住宅。这种发展使得工程技术在建设中的重要性大大提高，理性的科学与实用的技术取代了古代的城墙守护神与圣界。因为技术既可以随时改变这个边界也可以消除这个边界，那么对外部空间的认识也就同样取决于科学与技术，而不再是宗教或神话了。巴黎在一段时期内，在它城外大炮射程的火力范围内的土地都被空置着。于是在这里就形成了一个封闭的边界：它的边界不再是一堵墙或一条河而是一片空地——有史以来的第一个人造的“无空间”；它的封闭性不取决于它的物理属性，而是取决于火炮的打击范围，在这里形成了一个绝对的外部。

此前外部空间边界的象征性、功能性和物理性特征都是建立在土地与土地之间的关系之上。现在，外部空间的边界，不是因为圣迹或土地的其他特殊的象征性；不是因为各块土地的使用与功能上的差异；不是因为内部与外部空间的物理特征差异的强化；而是因为技术的发展使得空间人造物所依赖的边界被技术高度的改造，使得它的边界呈现出了强烈的技术性特征。这种技术性边界的出现，使得外部不再与土地的自然属性强烈地联系在一起，而是可以通过技术较为自由地创造新的边界。在最初的转变中，来自空间内部的权力，试图使用这种技术性边界来控制或强化对外部空间的控制。这个夹在内部与外部之间的技术性边界在很大程度上将内部与外部割裂开来，使得外部成为某种资源，并人为地将这些外部空间封闭起来，以体现权力的归属。

3.2.2 外部封闭

当科学的空间技术的优势体现在边界上时，掌握这个技术优势的空间就形成了相对于其他空间的一个封闭空间。对于城市来说，城市与乡村之间在中世纪本来是相互开放、相互依存的。中世纪城市都以当地为基础，并同周边乡村地区形成整体的利益关系，甚至组成城市——乡村的联邦组织。城市对外部资源的依赖，迫使城市不得不加强对其外部土地空间的控制。例如威尼斯就强迫贝加莫以东的居民将农产品全部供应威尼斯市场。这个时期的欧洲处于一种城市保护性经济的支配之下，随着工商业的发展，越来越多的外部空间被众多的内部空间所占据、控制。外部空间成为有限的空间，并被各种边界所封闭。例如沿莱茵河，12 世纪末时有 19 个收税关卡，13 世纪时新增加了 25 个关卡，14 世纪时又增加了 20 个关卡，这样在中世纪末时总共有 60 多个关卡。不论在城里或是城外，边界被大量地制造出来，人为的将土地划分成越来越细小的碎块。5~6 层，甚至多达 10 层的公寓在城市中大量出现。墙体、楼板和门取代了城墙、篱笆或壕沟，成为控制边界的新手段。

3.2.3 封闭外部的特征：边界 + 入口

在文艺复兴时代，以布鲁乃列斯基为代表的意大利建筑师和艺术家最早发展并应用了视觉空间技术，包括空间测绘法、透视法和一整套建筑制图方法。这使得建筑的比例、尺度和物理材质的某些特性能够被整合在一起科学地表达出来。建筑首先作为一系列抽象的概念在等比图纸或建筑模型的操作中被表达出来，而后实施工程营建。这与此前更多依靠匠人经验的建造方式大为不同。新方式成为近代建筑学出现的基础以及建筑学之所以成为一门独立学科的基石。建筑制图技术对人造物的精确描绘，得益于它首先将外部的边界进行了精确的分类，也就是水平方向的平面图和垂直方向的立面图，以及二者相结合的剖面图。在透视图中，布鲁乃列斯基创造了一个透明的边界，他为观者提供了从内向外或从外向内窥视空间的边界。这样在图纸上也就形成了一个技术性的外部空间的边界，并使用这种技术性边界改造外部物理空间的特征。

16世纪，富裕的商人和贵族开始建造城市化的乡村住宅。这些住宅与中世纪的乡村住宅具有很大的不同，它们更像是小型的宫殿，甚至它最主要的功能是用于社交而非居住。在维琴察的卡普拉别墅是帕拉第奥 1552 年设计的这类建筑中的代表。这座建筑坐落在山顶上，同周围环境紧密地结合在一起。建筑的平面呈正方形，中心设有带有穹顶的圆形大厅。在建筑中心垂直相交的两条轴线与建筑外墙的交叉处，形成了建筑物东西南北四个方向上的大门。如同城墙的入口，这些门在形式上并没有区别，它们被平均的对待，面向外部的四周。为了强化这些边界上的入口，帕拉第奥特别为每个大门设计了一组楼梯和一座高大的有柱门廊。这个水平放置的门廊并不是环绕建筑的外部，而是像雨篷一样更多起到装饰作用。这样,站在大门处，不论向内或向外，都能看到透视图的视觉效果。这可能是最早的按照建筑制图与透视法完成的建筑之一。它创造了一个稳固的技术化的边界。建筑的四个立面呈现出无差异性，人们被迫从预设好的视点看待建筑与环境，建筑与自然环境的关系被分类的技术的边界所定义。而这个边界却又是由四座紧闭的大门所封闭。尽管有人将这样的建筑看作是一个视线上开放的建筑，通常一座建筑有一个大门就可以了，但它却有四个功能上相同的大门。这些丧失功能的入口的主要作用，就是强化内部与外部的边界，并将这种从山顶向下俯视的技术化的透视法边界强加于周边的空间。因此卡普拉别墅将自身内部和外部割裂开来，并在边界上建立大门以控制和封闭外部。因此，对外部边界的封闭，形成了一个封闭的外部，而它的特征就是制造更加技术化的边界并以入口来强化对它的控制。

3.2.4 开放边界

当外部空间体现在土地的边界上，被技术不断改造的同时，也意味着，这个边界可能更加自由了。因为一个技术性的边界隐含着一种可能性，也就是边界可能获得基于技术的自主性之上的解放，可以不再遵从外部空间的象征性的、功能性的甚至物理性的边界。这使得边界可以更加轻易地被设置与建造。在开始时，边界可以更多地受到来自纯粹技术的支配，但是很快权力找到了控制技术的方法并将边界转变为权力的载体。在 14~16 世纪的欧洲，是自治市向近代国家的转变时期，市民与自治市的权力逐渐向君主手中集中。16 世纪时，宫廷所在地逐渐发展为首都：伦敦有居民 25 万，米兰有 20 多万人，罗马有 10 万人，里斯本有 10 万人，而巴黎在 1594 年有居民 18 万人。首都城市的出现与发展和国家权力的集中，产生了官僚政治以及相应的国家权力机关。国家权力机关要求冲破国家内部土地的一切边界以行使其最高权力，这样就需要一个对于国家始终开放的外部空间，而这个外部空间不仅是山脉、田野或河流等，还有各种从城市内部延伸至乡村各地的道路。为了有效的管理和控制这些外部空间，在城市就需要建立起一些政府机关的公共建筑，如佛罗伦萨的乌菲齐宫。这样，16 世纪一种强大的来自国家权力中心的力量削弱了城市的地方自治。火炮等军事技术不仅加强了城市的边界防御，也加强了来自外部或来自国家的干预、改变甚至摧毁各种空间边界的能力。在前期，保护性经济为主导的自治市或城邦的技术性边界呈现出对外部空间的封闭。现在，由国家主导的开放经济使得外部空间的技术性边界呈现开放，并为国家公民所共享。个人也不再依赖于自治市或聚集区，甚至行会。个人从此与土地相分离，可以自由地在开放空间中流动。在此期间，大量人口开始从四面八方涌入城市为工商业的发展提供源源不断的劳动力与市场。

3.2.5 外部开放

在 16 世纪，欧洲许多城市里开始普遍使用马车。一方面是车轮技术的改进，使得车轮的转向更加方便；另一方面是人们对快速交通越来越高的要求。马车和快速交通的需要，使得中世纪城市弯曲狭窄的街道面临改造与拓宽。在文艺复兴时代，就开始在老城区内开拓某一条大街或一块广场。在 17 世纪甚至可能依据透视法的效果，建出新的巴洛克大街。笔直的大街就像透视法的灭点一样消失在远方的尽头。

意大利文艺复兴建筑师阿尔贝蒂将街道分为“主要大街”和“次要大街”，并将主要大街称之为“军事大街”。“军事大街”能够保证军队的迅速行动和阅兵时的列队进行，因此这种大街应该是笔直的。同时代的另一位意大利建筑师帕拉第奥进一步指出，军事大街不同于非军事大街在于，它需要穿过市中心，从这个城市通往另一个城市以便于行军，并且道路要足够宽阔使得车马在双方向上行驶通畅。随着17世纪车辆交通越来越发达，车轮与道路塑造的城市生活的特征至今未变。马车通行的街道和马车停车的广场成为一个城市的开放的外部空间。街道成为一个技术性的外部空间边界，这里既可以成为阅兵场，也可以成为市民反抗并进行巷战的战场。在19世纪下半叶的巴黎，拿破仑三世甚至下令拆除整个社区，以修建林荫大道。

中世纪时代，市民共有的街道现在成为公有。一个由市政技术定义的技术性边界凌驾于土地的意义、功能和自然特征之上。街道不再是土地之上的自然形成，即那种来自土地的内部与外部边界的延伸，而成为一个绝对的外部，并直接介入土地的内部，改变其内部的关系，创造更多的外部。这个边界不但要应对来自外部的压力，现在则更多地用于管理和控制来自内部的压力，特别是那些通往内部的出入口与连接通道。

为保证快速交通的效率以及行人的安全，专门的步行道出现在大街两侧，轮式交通产生了道路双方向的分类，这使得道路被沿中轴线部位分开为方向相反的两个部分，并依此展开了整个交通系统的规则。这使得城市空间被深刻地改变了。这样的交通系统不仅出现在城市也出现在人类能够到达的一切空间。它创造了一个没有内部的外部，因为它不再依靠内部而存在。它具有的开放性特征，既来自它的技术性边界也来自权力。原本人车混行的马路被升级为一整套完备的空间技术，既针对物也针对人。

3.2.6 开放外部的特征：边界 + 通道

巴洛克城市大街形成了一种特有的巴洛克规划，这种规划已经不满足于在旧城中开拓大街并强化针对外部的权力。现在，它创造了自己的理想城市。在中心改置广场，其中可能有纪念碑或宫殿，并在周边安排有公共建筑，从这里向外放射出大道，通往远方。位于德国巴登州的城市卡尔斯鲁厄就是依据这种“星形规划”所建造的。这样的规划，强化了一个精神意义的几何逻辑中心，并依据工程技术和建筑技术创造了一个四通八达的外部。[①] 通道成为城市空间组织的重要手段，而不再是作为功能性内部空间的剩余部分。城市规划的基本单元不再是基于地缘或血缘的区域或聚居社区，而变为了基于空间或行政的辖区与街区。这使得城市的经济、生活、工作等各种功能开始围绕着街区展开。

星形规划是透视法与工程技术结合的产物，它在土地上强行赋予一个外部空间，并依靠它的技术性边界来强化对内部空间的控制。依据这种规划，城市的内部与外部的关系被凝固和机械化了。建筑物及其围

---

① 根据传说 1714 年巴登－杜拉赫伯爵卡尔三世·威廉在哈尔特森林梦见一座金碧辉煌的宫殿与太阳同时出现在他所居住的地方。阳光沿着街道向外辐射，他以此为意象草拟了卡尔斯鲁厄城市设计的蓝图。

墙形成了封闭的内部空间，而广场、街道、花园则形成了开放的外部空间。甚至这种关系可以简化为有屋顶覆盖的封闭空间和没有屋顶覆盖的开放空间。在这种关系下，建筑外部的花园与外墙，也成为城市街道的一部分，从而具有了公共性，以至于这些空间有时必须被改变以服务于外部的需要，而不是它们内部的功能需要。如同封闭的内部空间产生了室内设计，开放的外部空间也催生出了城市设计专业。街道、立面、广场、城市景观成为城市设计的内容。开放的外部的特征就是通道，而这些通道是由技术性的边界所构成。这个边界不断扩张并超越了土地内部与外部的关系，从而代替了外部，并将所有的内部与外部的边界转化为开放与封闭的关系。这个开放的外部，甚至也模仿内部，制造出诸如城市家具、公共厕所等处于外部的内部。在巴洛克时代，由技术性边界所构成的通道四处扩张，改变或抹去土地上原有的痕迹，用技术理性取代了旧时代的一切故事。

总之，在 17 世纪的欧洲，城市与乡村的差别正在消失，工商业、制造业开始在成本较低的乡村发展，城市并没有消失，而是被更大区域的城市化发展所代替。空间人造物在土地上创造的物理关系：内部与外部，正在被一种技术和理性创造的新的空间关系所取代：开放与封闭。内部与外部作为一个整体发生的分裂，出现了没有外部的内部和没有内部的外部。这也带来了新的设计方法和学科专业：室内设计和城市设计。透视法的出现改变了内与外，因为它是以受到启蒙的人的视点为出发点。理性科学取代了内部核心的神圣性，同时，透视法由近到远无限延伸，也就消除了外部的边界，使得透视法空间中的外部取决于人的意志和技术的可能。在这个深刻的转变中，空间人造物的建造不再服从于土地，而是得自于一整套空间技术。空间的内向性与外向性的形态特征由内部与外部空间转变为开放与封闭空间。空间不再一定是土地被自然给予的容器，而开始具有其自主性。

4　封闭空间与开放空间

17 和 18 世纪，欧洲城市的重商主义和随后的资本主义发展，使得城市化进入了一个新的阶段——都市主义生活方式兴起了。在人类历史上，这种生产生活方式首次超越了传统农牧业，占据主体经济地位。在 19 世纪，当都市主义与新兴的工业革命相结合后，就立即爆发出压倒一切的惊人力量。这个进程被后人称为现代化。新的历史性的发展力量已经不满足于土地对发展的制约与平衡，随着长途贸易与大航海时代的到来，要求冲破土地上一切有形和无形的制约和边界，向着更为广阔的空间进发。贸易、工业、运输、服务等都冲出了旧有的城墙，出现在田野、岛屿、海洋、水港、山地等一切人类可以到达的地方。中世纪时代，被自治市与行会控制的市场，现在被抽象的超越边界的自由贸易市场所取代。“目的—手段—合理性”代替了旧道德的价值规范，工具理性构建了一架庞大的社会机器将都市主义的影响扩展到一切领域。这种发展已经不能忍受土地对城市的制约，新的城市化发展表现为三种方式：

（1）改造旧有的城市：利用城市的空地或主动拆除，破坏旧城市空间，增加高度和密度。

（2）开发新的殖民城市：以任何有利于贸易和生产的方式建造新型城市。

（3）发展郊区：避开城市的束缚和管理，在郊区的开阔空间自由发展。

随着商业的不断扩张和资本的流动性越来越强，作为整体关系的土地和空间的内部与外部的关系，松动并瓦解。空间逐渐脱离与土地的固有联系，并具有了自主性。从土地—空间的束缚中解脱出来的空间成为抽象空间。这样的抽象空间具有了一种新的关系：封闭与开放。这种新的空间关系随着资本主义城市化而扩张，同时又将旧的空间关系的内部与外部进行转化。商业想把土地投入流通市场，必须通过一个中介——空间。因为直接操作土地只能与农业生产等相关，而这在商品交换中很难获得高额而持续的利益。因此，首先要将空间从土地中抽离出来，然后将空间转变为商品，并投入到社会化再生产中去。这样，从18世纪起，空间成为一种商品，与全球化的资本主义同步扩张。

在这个过程中，空间首先成为商品，然后商品化的空间又被产品化，并在工业革命中逐步实现批量生产。这样一种批量化生产的空间也就逐渐丧失了与特定土地之间的不可复制的独一无二的关系与特征，并形成了工业化的无差别的纯粹空间。进而，这种纯粹空间再进入社会化再生产领域被加工、包装形成空间产品。空间因为脱离了土地而具有了自主性，这就使得空间性得以出现。空间性的出现主导了空间的内向性与外向性的特征的变化，使得形成特征的基础由土地转向空间。因此，内向空间与外向空间在物理层面如何改造土地？在经济层面如何使用土地？在社会层面如何组织土地？在文化层面如何认识土地？都需要通过空间作为一个媒介来完成，而空间性则是开放空间与封闭空间在这个转变进程中的作用的体现。空间性同时也是现代性在“土地—空间”结构关系发展中的体现，是社会空间现代化的结构转型中的本质特征。

4.1 封闭空间的中心解体

从 18 世纪开始，商业资本开始快速扩张。与在中世纪的商业行会的那种保守内部、排斥外部竞争以及固守本地区的方式不同，新兴的商业资本积极开拓新市场，改进技术并热衷于开放竞争。他们很快就脱离了传统城邦的控制。土地很快就成为重要的商品。在城市中，新兴的中产阶级大量涌现，如商人、律师、各类职员等，他们需要一种既区别于贵族豪宅又不同于工人用房的住宅。建筑开发商一般从有商业头脑的贵族手中获得土地用于开发。为了提高建筑空间产品的价值，地产商通常会采取一系列的手段来提高建筑的吸引力，如：为建筑设计配套的街道、广场甚至花园等；将建筑的首层设计为可以用于商店的功能；还有将临街的建筑立面尤其是首层和地上一层作特别的装饰设计。18 世纪伦敦的中产阶级住宅，大多设计为总共 5 层，其中包括用于厨房和仆人居住的地下室，地面首层是会客室，地上一层是起居室和沙龙，地上二层是家庭卧室，阁楼则是用于仆人居住和存放杂物。这类建筑都是临街的联排式建筑，立面经过严格的古典主义风格设计。入口处会有一个小桥跨越地下室的采光空间，并和装饰精美的大门相连接。建筑内部的中心被通道和楼梯所占据。不同于 17 世纪的英国乡村贵族住宅，那里的内部空间的功能被水平方向的走廊组织起来，内部的中心性跟随着房主的活动而分散开来。而在这里,水平的交通流线被垂直的楼梯井所代替。每层近似的平面使得内部的中心性被瓦解，而依存在房主身上的精神上的中心性则更多地由水平方向转移到垂直方向上。因此，房主使用的空间的高度要高于其他楼层,同时这一层的外立面也要有别于其他。这样，原本内部的中心性现在更多地体现在大门和立面之上了。这样，对私有空间的权利宣示和进入的控制，开始取代了空间内部的定义，使得内部空间转型于封闭空间。

随着土地私有化与货币化的发展，城市土地的交易单位不再是由中心与边缘定义的区域或邻里，而是由街道划分形成的街区与地块。较小而标准的地块如同货币单位，易于买卖和多种用途的开发。通常这种地块是狭长的矩形，窄的一边面向街道。这样的地块相互紧挨在一起被四周的街道所包围，构成了一个标准的城市街区。临街的立面，特别是位于底层的空间多用于商业，因此通常被单独地设计装修，以提升空间的商业价值。大量的资本投入到投机性地产投资中，使得这种街区建筑在城市中大量出现。街区建筑四面临街的立面将建筑的内部空间和整个街区建筑内部的采光庭院紧紧封闭。大量的人口随着商业的发展和市场的开拓而拥进城市，古罗马时代的“茵苏拉”式公寓集合住宅又复活了。在 19 世纪中期的巴黎，随着豪斯曼的城市规划，大量的新式公寓被建造起来。这类建筑一般有 5 或 6 层，它的首层用于商业，而上面的每个楼层都安排有三套住宅，每套住宅拥有独立的卫生间与厨房。社会的分层首次能够在一栋房子内体现。楼层空间越往上就越狭窄和矮小，相对应的租金也就越来越便宜，选择这里的租户也就越穷。人们的居住空间已经从住宅转变为房间。财富的体现，从此前房子的大小变为现在房间的多少。17 世纪的竖向墙体的封闭空间被水平楼板的封闭空间所取代。这里的封闭空间都成为私有空间并作为商品在房地产市场中流通。大量的纯粹空间是在市场预设的虚拟使用者的功能需求的情况下被建造起来。空间的内部出现了绝对的空无，这种空无成为空间产品的特征，并在使用者到来后，才会将这个空间改变为住宅或其他功能。随着空无的空间作为一种半成品的商品用于出售，内部空间的中心性彻底消失了。

封闭的内部空间创造了墙体建筑，使得建筑的内部越来越复杂，并呈现出更加封闭的特征。内部原有的中心性被走廊或楼梯以及隔墙所分离，强烈的离心性将内部空间的中心解体，原有中心的能量被分摊在交通流线的两侧。随着中心性的消失，内部空间逐渐被封闭空间所取代。

4.2 开放空间的边界解体

18 世纪资本主义开始寻求一种更具流动性的市场经济。这种流动性试图突破一切规章、制度、城市管辖边界、税收甚至道德约束，也就是在一切可以到达的空间进行投资，发展经济，获取利益。在路易十六时期的巴黎，市区面积达 3800 公顷，居民有 50 万人。城市修有城墙，城墙内市区的面积有 3370 公顷。城墙长达 23 公里，并设置了多达 60 个入城关卡门楼。这些关卡引发了市民的强烈反对，并自发地攻打，烧毁关卡门楼。关卡制度也是引发法国大革命的原因之一。进入 19 世纪，城墙在新式火炮的面前逐渐失去了作用，许多军事防御城墙开始被拆除。在许多地方城市化与土地私有化发展使得城市与乡村连为一体，旧的城市生活与乡村生活被切碎成细小的地块并融为一体。过去作为外部空间向内部空间延伸的街道，现在成为连接各个私有地块的开放交通空间。各种交通工具迅速发展，私人与公共交通不断提速。交通拉近了各个空间的距离，并冲进所有空间的内部与外部，沿着或打破所有的空间边界，使得外部空间呈现出前所未有的开放性。流动性的商业发展使得社会分层进一步加剧，城市面临解体。维护公共利益和保证城市健康开始得到重视。公共权力机构得以发展壮大，并将城市内开放的外部空间转化为公共空间。根据，1840 年法国颁布的《财产没收法》和 1850 年颁布的《健康法》，豪斯曼成功地为巴黎进行了首次公共市政规划建设。[①]（1）用全新的林荫大道系统覆盖在中世纪老城区的结构之上，将一切阻碍规划的建筑拆除，并新修了总长达 95 公里的街道路网。这使得旧有的城市结构解体了。

---

① 参见：Benevolo，Leonardo. *Die Geschichte der Stadt.* Trans. Juergen Humburg. Campus Verlag，2000.

新旧两套叠加在一起的空间网络构建出了豪斯曼式的巴黎。在19世纪晚期，巴黎发展成为人类历史上第一个大都会城市。（2）新建了城市基础设施，包括给排水系统、煤气照明路灯和公共马车交通系统。（3）修建各种公共建筑，包括学校、医院、监狱、军营、城市公园等。（4）取消18世纪形成的关税区边界，合并城墙外的区域，将巴黎的面积扩大为8750公顷。建立了新的行政区结构，将巴黎分为20个自治的小行政区（城区）。新的巴黎，街道立面依据统一的规范建造，建筑临街而建，街道通往各个广场。公共管理和建设将原来内部与外部空间之间的技术性边界转化为从每个封闭的私有空间通往开放的公共空间的通道。这使得外部空间成为一个连续的场景，在千篇一律中呈现它的开放性。

豪斯曼改造巴黎，重新塑造了巴黎的城市性。他无视自然地貌，将土地的特征从规划图纸中抹去。城市空间被街道划分为街区、放射性街道与空间节点和城市广场。它们组成了一个巨大的城市开放空间的形

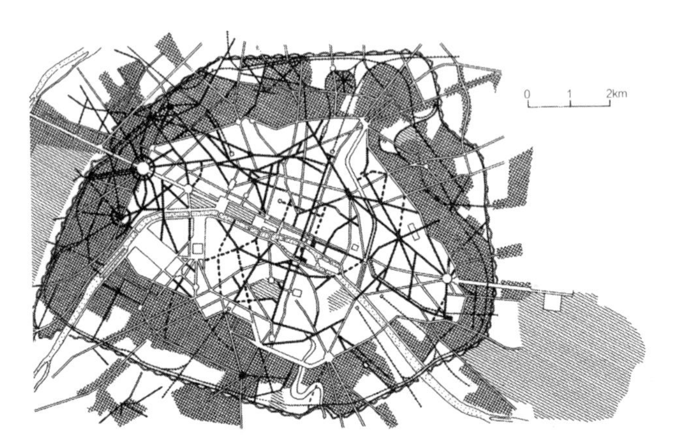

图 8　豪斯曼改造巴黎图解，黑色部分为新街道，网格填充的部分为新城区
图片来源：贝纳沃罗，《世界城市史》，科学出版社，2000，P839

态网络，在其中遍布着博物馆、大学、医院、纪念馆、图书馆等各类公共建筑。这样的空间被新的城市性组织在了一起，形成了城市的公共空间。从此公共空间成为定义都市主义生活与城市灵魂的基础，而不再是大地、圣迹或聚居。

19 世纪一种新的商业建筑形式出现了——拱廊街，就是将原有的商业街加上一个钢架和玻璃的顶棚，使得商业街成为一种半封闭的步行购物空间。那时许多欧洲商业城市都在建造这种建筑，如伦敦的柏林顿拱廊。拱廊将商店、餐馆、咖啡店等各种商业功能聚集在一个和车辆交通隔离的空间中，为市民提供了一个安全的购物环境。拱廊街的出现，打破了内部空间与外部空间的界限，因为这里的土地都作为同一种商品被投入商业之中。原有的建筑内部与外部被融合为统一的商业空间。在这个商业空间中，被划分为可以免费进入的开放空间和必须付费进入或禁止进入的封闭空间。拱廊街成功地将开放的外部空间的边界转化为一个商业的购物通道，从而在本质上瓦解了城市的外部空间，将它转变成资本主义的开放空间。

四通八达的城市街道创造了一个开放的外部空间。随着民族国家的形成，隶属于国家的公共机构大量出现，并在国家的管理下开始介入外部空间。国家主导的重商主义和资本主义商业继续扩张，外部空间的各种边界被通道所取代，通道成为外部空间的主要特征。随着外部边界的解体，空间呈现出无比的开放性。

4.3 封闭空间与唯一正面性

19 世纪，城市化的发展进入工业时代，已经在 18 世纪被商品化了的空间，现在又被工业化。空间经历了从工业空间到工业化空间的转变。首先是工业生产带来的工业建筑和工业城市，其次是批量生产的工业化住宅和城市。商品市场将生产者和消费者隔离开来，同样作为商品的建筑空间既不是为它的建造者修建的，也不是为它的某个具体的使用者建造的，而是服务于一个抽象的市场需求，在这一过程中，建筑空间自身也被抽象化。

伴随着工业革命，蒸汽机、火车、电灯被相继发明出来，城市化从城市的商业化向工业化发展。许多城市转变为工业城市，同时还有各种围绕大型工厂而形成的新兴工业城市。资本的全球流动同时裹带着城市工业化的全球扩展。大量人口丧失土地并在全球范围迁移，新的移民潮使得城市公共环境面临恶化。大量的人口涌入城市中的旧有住宅，使得这些住宅被迅速改造成用于出租的廉价公寓，每一个房间要住进全家人，而不是过去的一个人。除此之外，简易的工人住房开始大量建造。在英国的伯明翰和布雷福德，为了在有限的土地上最大量地建造工人住房，住房背靠背建造，靠内的房间没有采光和通风，联排房之间只有很窄的通道。工业区的住房超越了一切文化特征，像军营一样成排地挨在一起，狭窄而又紧凑。所有的建筑千篇一律，呆板统一，缺少公共设施和场地，卫生状况糟糕。这种空间在本质上不适于人的居住，而是在夜间临时提供储存劳动力的空间功能。在城市里，贫民窟开始大量出现。此前大部分家庭都拥有的小块土地和房屋，现在成了城市贫民难以企及的梦想。市政当局对此无能为力。公共利益被忘却，城市环境极度恶化。瘟疫、犯罪、贫穷开始在城市中繁衍传播。城市空间快速的私有化使得共同利益与集体利益首先被转化为私人利益。在此过程中，公共利益往往是缺失甚至无人问津的，阳光、空气和水成为城市中的稀有资源。拥挤的内城和衰败的城市环境，使得有能力的人们开始向交通便利、空间宽阔的郊区迁移。在景色优美的郊区拥有一栋带花园的住宅和独立的地块作为不动产，成为中产阶级的目标。现在普通人也可以成为他自己的私有空间的国王。私有空间成为独立于公共空间之外的封闭空间，并将这种封闭的权力像旧时的皇宫一样体现在正门和主立面上，并由此创造了一个唯一的正面成为封闭空间的特征。

在柯林·罗的著作《透明性》一书中，对柯布西耶设计的加歇别墅的透明性做出了深入的分析。掩盖在立面之后的是一层层连续分层的空间序列。尽管按照柯林·罗的思路可以将加歇别墅理解为一种透明性现象，但是从正立面抬高并连接客厅的入口可以看到，封闭在箱体建筑内部的空间序列严格依据立面向纵深展开。建筑的首层在正立面被升起的、像桥一样的大门楼梯所阻挡。而在建筑的背面则设计有带雨篷的后门，并且首层与地上一层之间的立面没有向后收进，这使得首层看上去类似一个半地下室。这不禁使人联想到 18 世纪伦敦的中产阶级住宅，它的入口处同样有一个小桥跨越地下室的采光空间，并直接通向重要的客厅。尽管桥式的入口的方向不同，但它们的功能都是对正立面和主入口的强调。加歇别墅的桥式入口连同在正立面上挖空的2层通高的露台，不仅表达了透明性的建筑美学概念，更象征着主入口的存在和唯一性。因为从该建筑的另外三个立面上完全无法解读柯林·罗的透明性。透明性作为一种空间现象，在加歇别墅中最重要的特征不是开放性，而是具有唯一正面性。

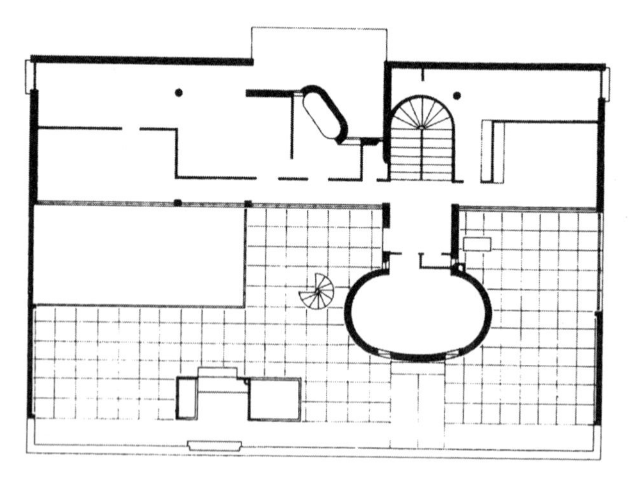

图9　加歇别墅首层平面

图片来源：柯林·罗．透明性．金秋野，王又佳译．北京：中国建筑工业出版社，2008：42

在城市中，由于市政管线多位于城市街道地下，因此沿街建造房屋成为最经济的方式。大量联排式以及四面围合的街坊式建筑被建造出来。这些空间形态基于面对街道或背对街道再或侧对街道而被划分出正面、背面与侧面。对于一栋栋并联在一起的建筑，它们甚至没有侧面，而其背面则仅仅是一个狭小黑暗的通风天井，有时甚至没有。因此面对街道的立面成为这些封闭空间最重要的形象表征。

从加歇别墅中可以看到一种强烈的意识，也就是在城市生活时代为封闭空间创造一个大门和同一方向上的面向开放空间的主立面。这个主立面及其唯一正面性不仅体现了封闭空间主人的权力和能力，而且也表达了主人的爱好和审美判断，并因此一度可能成为某种身份的标志。这样创造一个和开放的公共空间相隔离的大门以及面向开放的公众的正立面作为脸面成为这一时期私有封闭空间的普遍特征。

4.4 开放空间与透明边界

伴随着工业时代的到来，在19世纪的大部分时间中，许多城市的经济重心从商贸转向工业生产。此类城市中的开放空间没有随着工业化程度越高而变得更好，有时甚至更差。18世纪服务于商贸的公共交通现在服务于工业生产。城市人口爆炸，工厂的几何指数增长，都使得自治市时代城市外部空间的自然管理模式不堪重负。城市的市政公共系统被建立起来，用以管理城市的开放空间，维持城市的发展与健康。开放空间就此在某种程度上等同于公共空间，并与私有的封闭空间相对应。以前城市外部空间的设计、建设和发展，从此服务于一个抽象的公共性主体——公民及其拥有的普遍性的公共权力，而不再是各个城市或地区自己的事情。开放空间被公共领域接管并向公共空间转化，与此同时私有空间也开始接管封闭空间并将其向私密空间转化。

开放空间的公共化很快甚至发展出了一整套城市

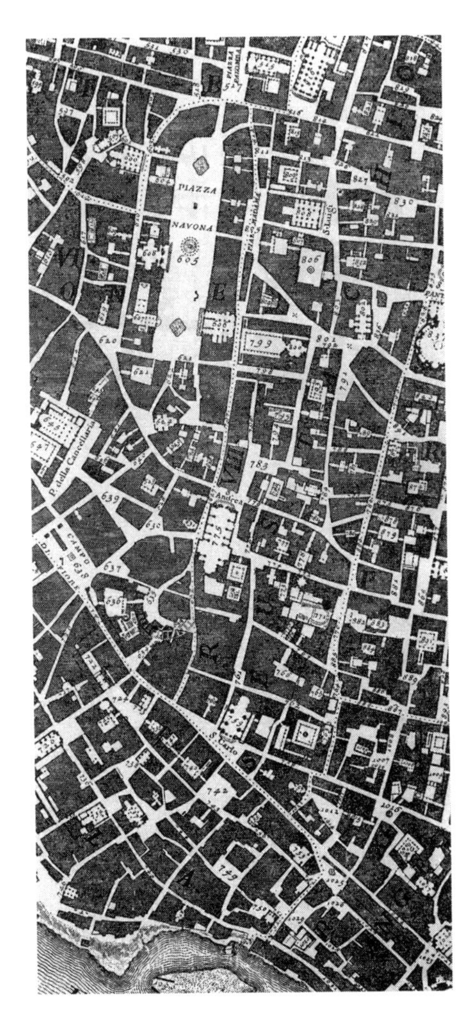

图 10　1748 年“诺里地图”中的罗马城市平面图局部
图片来源：伯纳德·卢本等.设计与分析.天津：天津大学出版社，2003：19

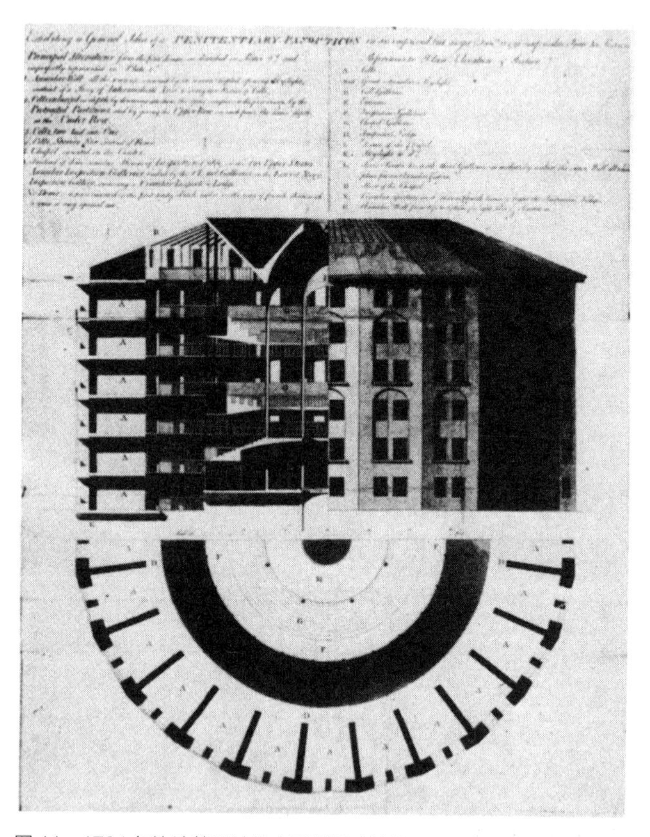

图 11　1791 年边沁等设计的全景敞视建筑的图纸。通过逆光效果，囚徒能被观看但是不能观看。他是被探查的对象，而绝不是一个进行交流的主体。囚徒被一种权力形势（power situation）所制约。

图片来源：菲利普 · 斯特德曼，《建筑类型与建筑形式》，电子工业出版社，2017：P288

空间治理技术。早在18世纪末英国哲学家边沁就提出了“环形监狱”的方案。“环形监狱”的主要空间形态结构是由位于中心的监视塔与四周呈放射状环形分布的囚室构成。囚室面向中央的监视塔方向是透明的，而监视塔的窗户则装有百叶窗使得立面的人可以随时监视四周的囚室而不会被囚室内的囚犯所察觉。因此囚徒们在时空中因为随时处于一种无所不在的监视下而实现“自我监控”。[①]

---

① 边沁设计的全景敞视建筑（panopticon）其构造的基本原理：四周是一个环形建筑，中心是一座监视塔。监塔有一圈大窗户，对着环形建筑。环形建筑被分成许多小囚室，每个囚室都贯穿建筑物的横切面。各囚室都有两个窗户，一个对着里面，与塔的窗户相对，另一个对着外面，能使光亮从囚室的一端照到另一端。然后，所需要做的就是在中心监视塔安排一名监督者，在每个囚室里关进一个疯人或一个病人、一个罪犯、一个工人、一个学生。通过逆光效果，人们可以从监视塔的与光源恰好相反的角度，观察四周囚室里被囚禁者的小人影。这些囚室就像是许多小笼子、小舞台。在里面每个演员都历历在目。敞视建筑机制在安排空间单位时，使之可以被随时观看和一眼辨认。它推翻了牢狱的原则，或者更准确地说，推翻了它的三个功能——封闭、剥夺光线和隐藏。它只保留下第一个功能，消除了另外两个功能。充分的光线和监督者的注视比黑暗更能有效地捕捉囚禁者，因为黑暗说到底是保证被囚禁者的。可见性就是一个捕捉器。在福柯看来，全景敞视建筑是一种被还原到理想形态的权力机制的示意图，它实际上是一种应该能够独立于任何具体用途的空间技术。

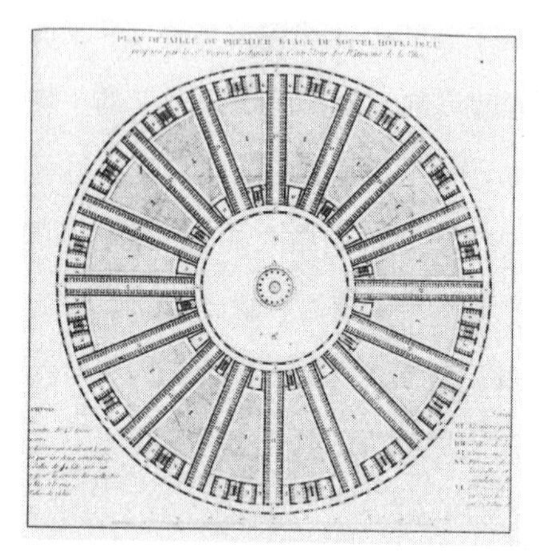

图 12　Bernard Poyet，C.P.Coqueau，设计的位于巴黎的环形医院（1785）

图片来源：Bio-Politics and the Emergence of Modern Architecture，Sven-Olov Wallenstein，Princeton Architectural Press，New York，2009：P51

19 世纪工业城市和其他人口猛增的城市中的生活环境面临极度恶化。在此之前用以维持城市空间的各种社会因素，如行会、家族、教会，甚至公德，现在大多面临解体或已然从公共领域中退出。改善开放的外部环境，需要统一的计划、投入和实施，而实现这些行动所需的时间、土地、市政设备和金钱都是生产性城市最稀缺的资源。私人资本几乎不能完成这样庞大而耗时久远的公共投资，因此市政建设的国有化与社会化就成为普遍的解决方式。城市的基础设施和开放空间需要国家或政府经营管理，因此在无数私人拥有的封闭空间的周围就形成了一个系统性的开放空间。这个空间因为被国家或地方政府拥有、经营并管理，因此转变为一种公有制的空间，也就是属于所有公民的公共空间，原则上，它应该向所有的公民开放。这样，原来在封闭空间与开放空间之间也就形成了一个透明的边界，并且它是一个单向度的边界，也就是从私有空间跨入公共空间时，它是开放的边界；而从公共空间试图进入私有空间时，它是封闭的边界。

在自由的房地产开发后形成的高密度城市环境中，人们向往充满空气、阳光、水和绿化的空间。许多城市开始建设公共绿地、城市公园，以此形成城市的“肺”的功能。随后，又将这些城市的“肺”与城市公共绿地连接在一起并进而连接城市外的自然绿色空间，这样就能够构成一个由绿廊连接的开放的生态系统。开放空间所具有的边界在一定程度上，不仅对于公民是透明的，而且对于动物和自然也是透明的。当山川、田野、河流、海岸等过去的荒地，原始地区或外部空间，现在开始转变成为公共的开放空间时，它们就成为一种公共性的资源，并进而获得了超越其各自土地状况的总体性空间概念——景观。从此，开放空间又有了一个更多与自然相联系的名称，并由此产生了一个新的规划和设计专业——景观建筑学。最早提出这一称谓的美国景观建筑师奥姆斯特德在1854年设计了位于纽约曼哈顿岛上的中央公园，使其成为市中心的“绿肺”。

公共空间的高度社会化，带来了一种高度透明的新型空间。这种空间是开放空间中社会公共功能的汇聚。因此，这是一种完全开放的功能性空间，它甚至可以在可实现的前提下，将功能以外的其他因素都置之不理。这也最终导致功能主义建筑在20世纪的流行。1926年在德国德绍市建成的包豪斯校舍是这类社会化的功能性开放建筑的早期代表。德绍包豪斯校舍风车形的平面内容纳了包括教学区、作坊区、剧场、餐厅、健身房、28个套间和屋顶花园等。这样一个多功能的综合体被随意地组合在一起，并刻意地规划和建成一条从建筑的中间穿过的城市公共道路，以此来加强这个空间与公共空间的整体性。不仅如此，格罗皮乌斯还将包豪斯校舍作坊区的一翼的建筑立面设计为完全被透明玻璃覆盖的幕墙。实际上这里展现的透明性不仅是柯林·罗在《透明性》一书中所仅仅承认的材料上的透明性，更是一种归属于公共空间的开放性和试图在一个功能性物理空间上创造一个开放边界的透明性。包豪斯校舍所关注的是如何良好地将不同的公共活动功能组织在一起，并产生效率和积聚效应，而并非仅仅是在视觉文化与美学经验上的透明性。德绍包豪斯校舍的水平楼板所带来的流动性也不是柯林·罗所理解的视觉上的流动性，而是市内的公共空间与室外的城市网脉之间彼此开放所形成的流动性。德绍包豪斯校舍的内部流线将其各种功能组织在一起并与外部的道路相连接。而那条位于外部穿过校舍的道路在建筑开工之前并不存在。这样的设计方法使得德绍包豪斯校舍成为一种罕见的没有主立面的建筑，因为它本身就是开放的公共空间的一部分，建筑物质与材料的性能设计源自空间功能的需要。这是一个在原则上对周围环境完全开放的社会空间，因此透明边界是它的特征而非立面。德绍包豪斯校舍创造了一个纯粹理念上的透明的开放空间，在 1933 年以后的历史中，它的透明性在不同的历史时期中不断地被加以改造。甚至在 1950 年代的民主德国，德绍包豪斯校舍著名的玻璃幕墙被用砖砌上，以使这座建筑同民主德国政府认定的资本主义意识形态的建筑象征——“玻璃幕墙”做出决裂。透明边界所具有的单向性使得开放空间随时可能因为超越抽象公共性的权力的介入而使得它的开放性变得脆弱并被逆转为封闭空间。

内向与外向空间在空间的物理性特征中，伴随着人类发展，形成了从内部空间与外部空间到封闭空间与开放空间的转变。这一转变也就形成了现代城市建筑形态的基本面貌。工业化的发展使得空间可以被批量的生产、加工和改装。柯布西耶在1915年设计的多米诺单元结构创造了一种垂直方向上的匀质空间，而密斯·凡·德·罗1929年设计的巴塞罗那博览会德国馆则创造了一种水平方向的匀质空间。这两类空间构成了空无的纯粹空间，并在社会化的过程中形成了开放或封闭的特征。现代主义流水线式的生产使得这种空间具有了机器的特征，并被赋予更多的功能目标，这使得“形式服从功能”广为流传，以及资本市场在全球的流通而使得“国际式”建筑在全球泛滥。

5　20 世纪的速度带来的变化

20 世纪空间的内向性与外向性的基本结构形式演化出一些新的形态与特征，其中引发这一变化的核心因素是速度。并不是说速度是 20 世纪才出现的，而是速度在 20 世纪成为构建人们日常生活空间的重要核心因素之一。速度在 20 世纪初变得可控并被技术化，因而得以被大规模应用到空间人造物的生产之中。当代的大都会城市正是由各种速度锻造的时空关系折叠或缠绕在一起构成的。人们每天都生活在不同速度的时空之中并且不断地在其中做出切换。速度极大地改变了我们的日常生活及其空间的形态。以道路为例，原本作为外部空间边界的道路，为人们提供了交往的便利。为了有效的控制速度，城市将道路按照速度划分为超车道、快车道与慢车道。为了有效的管理速度，城市将道路规划设计为机动车道路、自行车道路、铁路、步行道等并加上了红绿灯。最终道路变得让人难以通行。

随着19世纪城市化与工业化的结合，20世纪的空间科学技术创造了速度机器。这个速度机器将绝大多数开放空间转化为流动空间，将绝大多数封闭空间转化为静止空间。

5.1 流动空间

任何人或事物的存在都只可能存在于某个特定的时间与某个特定的空间之中。也就是说存在只可能发生在某种特定的时空关系之内。要想获得一种新的生存状态，就一定要打破这个稳定的时空关系。而能够将时间与空间联系在一起的只有速度。通过速度可以改变时空关系。要想脱离地球的引力，必须获得第二宇宙速度。也就是说当你想要离开地球时，你需要在某个时空中创造一个拥有第二宇宙速度的特殊的空间。

图 13 Paul Citroen 创作的蒙太奇作品《大都会》,(Metropolis),1921 年

图片来源:佛兰克 · 惠特福德,《包豪斯:大师和学生们》,四川美术出版社,2009, P145

5.1.1 空间的速度与流动

汽车作为一个人造物的发明与马车完全不同。马车在历史上的演变实际上是马鞍空间的延伸和放大，而汽车空间则是一个完完全全的人造空间。当汽车加速使你摆脱现有的相对静止的时空关系时，你就进入了一个有着与环境不同速度的空间，也可以把这种空间称为流动空间。流动空间首先出现在城市的开放空间中，它的出现与新技术的发明密不可分。伴随着大量流动空间的出现，如何组织和管理这些流动空间成为摆在城市管理者面前的一大难题。在整个 20 世纪，所有非新建的城市都面临提速的难题。在那些新建的城市特别是工业城市中，城市规划从最开始就是依据速度来规划的。沿着铁路或航运码头布置路网，并理性地组织土地利用性质。将工厂、库房等设计在紧邻铁路或航运码头的地方以便于搬运，为此整个城市按照不同的速度被规划为不同的空间分区。城市成立专门的运输部门，物流成为新兴的行业。在新建的工业区中，整个空间按照物流的效率与能耗比被理性的规划。从人休息时速度近乎为零的居住区，人的步行速度的商业区，公交或自行车速度的办公区，到火车、轮船或飞机速度的物流区，速度空间在不经意间将开放空间的形态重新组合以提高自身的效率。严格按照速度分类，特别是围绕19世纪的火车站点新建的城市形成了速度层层退减的带状城市。以铁路的速度为出发点而形成的空间形态与此后苏联的计划经济相结合，就形成了非常有特色的苏联带状城市规划。而以围绕人的居住向外层层加速的空间形态则形成了现代的功能城市。汽车的出现与普及发生在20世纪初期，特别是福特汽车的普及使得私家车进入千家万户。汽车真正地取代了马匹而成为代步工具。这对于当时的许多建筑师来说多是难以接受的，柯布西耶选择了拥抱汽车。他不但自己设计汽车还依据速度将道路分级，划分为有着不同速度与流量的主干道、次干道、支路、小路等。柯布西耶随后将居住区的初始速度设定为汽车的速度。汽车在分级的道路中流动并分布。因此形成的路网以及由分级路网切割形成的空间被功能划分。每块空间因为所处的不同的分级道路条件因而被定性为不同的空间功能，如居住、办公、游憩、工业等。柯布西耶在其“光辉城市”中将这种思想发展为一整套城市空间规划设计。城市规划部门开始为现代城市制定空间分区制以及单一目标的土地利用规划。在第二次世界大战之后许多新建的功能主义城市中，在汽车的车轮上和火车的轰鸣中，速度逐步将开放空间转变为流动空间。在 20 世纪，以公共交通系统为核心组织的空间形态成为公交优先型城市，如位于纽约的曼哈顿。而以私家车为优先考虑来组织的空间形态成为类似洛杉矶的郊区城市。当然对于那些早于汽车发明前的历史城市，最为痛苦的就是如何为城市提速。这不仅仅是道路拓宽的问题，还要面临如何在一片缺乏速度的空间中依据速度重新组织其形态结构。最为主要的问题是原有的历史城市是依据公共建筑、地标、纪念物、重要的居住片区来组织形态的。而流动空间依据不同的速度分级分层，因此那些进行速度转换的空间才是重组历史城市空间形态的关键。道路的分级曾经被比喻为人体的血管，而按照静态的人体形态也就是解剖学意义上的形态，血管转换以及流速转换的地方是人体尤为重要的位置，如心脏。而依据中医理论，特别是在运动中的人体，伴随着机体的变形与拉伸，伴随着气息的呼进与呼出，那些决定气血畅通的穴位才是尤为重要的位置。

5.1.2 速度转换与流线

1860 年开始建设的伦敦地铁成为历史上最早的地铁。地铁作为速度机器制造的一种时空关系，很快借助城市规划在开放空间中被系统化和组织化。地铁车厢连同地下隧道与车站构成了一套复杂的空间系统形态。在纽约某些地铁站甚至深达 3 层。大都市随后发展出了遍布城区各处的地铁网路。这个复杂的形态的成因是不同速度切换的需要，而这种复杂技术的核心则是对不同速度切换的控制。在某些站点甚至将机场、火车站、轻轨、地铁、公交、出租车等不同的交通空间整合在一个枢纽之中。而这个枢纽的形态仿佛一个洗衣机，将不同的速度整合在一起。进入或离开流动空间都需要一个可以实现速度转换的空间，在转换的空间，它改变了原有的时空关系或者也可以说是改变了原有的存在状况。其本质的特征是转变也就是将空间从现有的空间中转化出去。

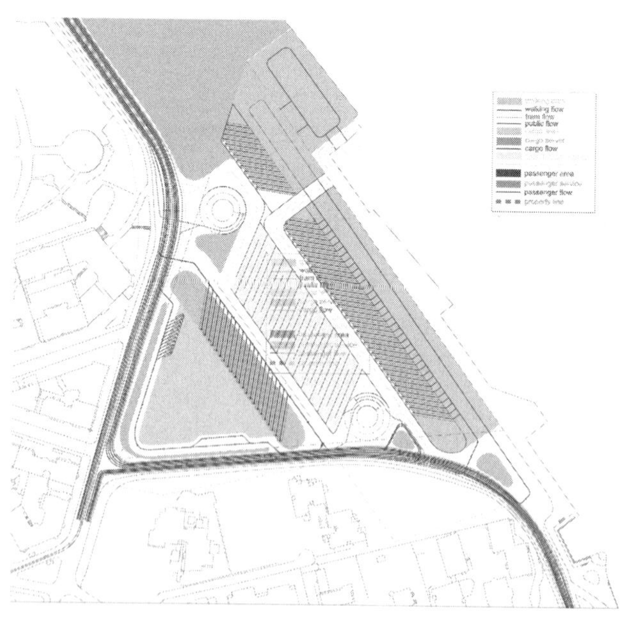

图 14　赫尔辛基港口枢纽竞赛流线设计方案，2011 年
图片来源：车飞

速度所创造的空间形态在19世纪前是不可想象的。但是经过19世纪科学技术飞跃发展之后的今天，人们对此早已司空见惯。人们日常生活的周围到处都有这类“速度机器”。例如：飞机、轮船、地铁、电梯等。实际上“速度机器”并不仅仅是指这些交通工具，“速度机器”同时也是空间生产的机器，也就是说它在不断地生产着流动空间。在这些可见的“速度机器”背后还有着大量不可见的“速度机器”，如交通系统、物流系统、空间规划、流量控制等，它们共同构成了“速度机器”，一种在本质上边沁式的空间技术。柯布西耶在其著作《走向新建筑》中曾经表达了建筑设计应该向当时新出现的轮船、汽车、机器等学习。人们甚至可以居住在一个巨大的居住机器之中。当边沁式的集体空间与柯布西耶的居住机器结合在一起时，集体居住空间机器出现了。柯布西耶设计的马赛公寓就是这样的一个空间。马赛公寓的底层是架空的，这样就创造出了一个被悬置于流动空间之外的静止空间，一个集体性居住机器。在美国，钢结构建筑技术与电梯的发明，还有大都市的空间投机政策，造就了摩天楼的出现。如同行驶在公路上的汽车，电梯则运行在摩天楼内部的管井之中，又仿佛竖立起来的地铁将人们平稳地运送到摩天楼内的各层空间。而那些电梯间则成为电梯流动空间与各楼层步行空间之间的转换空间。这样流动空间进入了封闭空间的内部。而从电梯中涌出的人们不再被视为在开放与封闭空间中的行为主体，而更多地成为交通学意义上的一个被计算的数值。一个电梯内的重量，一个电梯外的流量。即便电梯内仅有一个人,但是“速度机器”也只能将其理解为一个数值。这样，流动空间甚至将室内空间转化为流动空间的一部分，特别是在那些拥有巨大人流的公共建筑内，如博物馆、火车站、机场、医院、体育馆等。大量的人流在室内外的流动空间内运动，而运动形成的轨迹也就成为现代建筑中特别是公共建筑中非常重要的流线。当首先出现在城市外部空间中的交通流线组织，现在也开始出现在了内部空间。最终在 20 世纪末与 21 世纪初，当流线的参数化与建筑工业的数字化相结合时，流体建筑出现了。例如联合工作室 UN Studio 设计的位于斯图加特的梅赛德斯奔驰博物馆，扎哈·哈迪德与帕特里克·舒马赫合作的大量设计项目等。

20 世纪的流线设计使得空间从物质的限制中被解脱出来，空间冲破了稳定的秩序，让一切都流动起来。重要的是空间自此被理解为一个连续的整体，而不再是被物质围合而成的一个个孤立的空间片段。而流动性同时也打破了空间的内部与外部的区别，沿着空间开放的路径或封闭的边界将所有的空间连接在了一起。

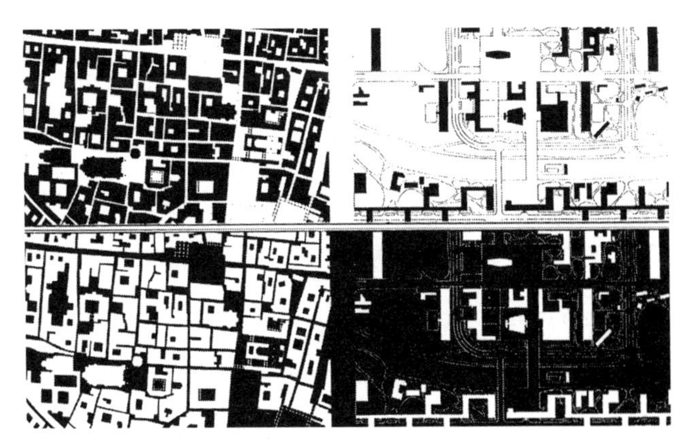

图 15　帕尔玛老城与柯布西耶设计的圣迪耶的 2 种不同的图底关系。前者是开放与封闭的空间形态，后者是流动与静止的空间形态

当这一工作在城市中完成时，也就是标志着城市的现代化的实现，当这一工作在全球完成时，也就是标志着全球化的实现。在这一进程中，空间成为一个高度技术性的肌理组织，而流线正是将各种肌理组织在一起的关键。今天的空间是一种运动中的形式，因此它形成为一种总体景观，这个总体景观包罗万象，将空间的象征性、功能性与物质性都包含其中。对比意大利帕尔马的老城与柯布西耶设计的圣迪耶，如果仅看建筑实体则帕尔马有着紧密的建筑肌理，而柯布西耶设计的圣迪耶的建筑肌理则显得十分的松散，彼此间有着很大的距离。相反，不去看那些建筑实体而是以空间的视角去观察，则发现帕尔马的开放空间大多呈碎片状，许多块状空间彼此分离被建筑实体所隔挡。而在圣迪耶，开放空间成为流动空间呈现出成片的和漫无边界的形态，那些彼此之间距离较远的建筑实体如同一个个附件插接在流动空间之上。空间早已脱离了土地并代替了物质成为现代城市形态的创造者与主宰。空间规划在20世纪晚期成为一个新兴的专业。现代空间的秩序是建立在动态之上的，因此古典建筑空间所关注的轴线、焦点、对称、比例都不能再像“维特鲁威人”一样在静态视角下观察，而必须放置于运动的环境之中。因此，编织、折叠、缠绕、交错才是形态的关注对象。

5.2 静止空间

当一家人乘坐一辆小汽车飞速行驶在高速公路上时，通常你会看到这样一个场景：驾驶汽车的司机手握方向盘，目光紧盯道路的前方，虽然眼睛时不时瞄一下侧视镜，但身体并没有做出大幅度的动作，因为需要保持高速行驶的汽车的稳定与安全。而其他坐在车内的人们，安静地坐在自己的座位上，独自听音乐或彼此间聊天，甚至可能还喝着茶或咖啡。当人们将目光投向车窗外面，人们恍惚以为身处电影院中，一幕幕场景中的图像出现又消失。由于车速很快，近处的场景眼睛还未看清就消失掉了，因此眼睛仅仅能够将中远景合成为一帧帧的图像予以辨识。如果仅凭视觉感官，人们很难判断是自身在运动还是外面的景象在运动。车里的人们仿若置身于一个高速移动的家庭起居室内，虽然汽车在高速公路上飞驰，但是车内却是个静止的空间。因此，当空间流动起来时，流动空间的一部分必需静止下来，只有这样才能使空间获得流动性。同样当地铁所在的地下隧道成为一个流动空间，而穿梭其中的地铁车厢则成为一个静止空间。

5.2.1 空间的展示与静止

当汽车被发明出来并成为一种人们日常生活的交通工具后，一系列与之相关的东西被发明出来，例如高速公路、机动车道、路标、减速标识、红绿灯、车站、停车场等等。这些都与速度有关并一起构成了流动空间。但是在以上罗列的种种空间中却有一种虽然也与速度相关但是在形态上却不属于流动空间，这就是停车场。停车场是一个静止空间。静止空间仍然是按照速度机器的逻辑所创造出来的，只不过它的速度为零。不像车站空间，那里是不同速度转换的空间，停车场在设计之初就是用于静止，因此它是一个静止空间。而这个静止空间并不能够独立地脱离流动空间之外，它们必须是相连接的。因为不能连接流动空间的停车场将无法成为静止空间。随着流动空间将城市空间按照各自的速度进行分类与重组，静止空间开始大量地出现在城市之中。

流动空间不仅在自身内部创造出静止空间，同时大量的流动空间还组成了奔流不息的空间网脉，正是这些网脉将城市空间中的每个部分连接起来。大到区域和城市，小到房间与家具。在网脉围合而成的空间内，形成了一个个形态上孤立的空间。如被公路包围的交通环岛，被街道围合的街坊，建筑内非公共交通的空间，被围栏环绕的政府储备用地，城市里孤立的一片绿地或无主荒地等。如果这个空间是一个外向性的形态，也就是它的出入口直接与网脉相连，那么它就是一个速度转换的空间。如果这个空间是一个内向性的形态，也就是它的出入口并不直接与网脉相连，而是通过一个孤立的空间如内院、大厅、空地等实现连接，那么它就是一个静止空间。最终小到一个房间或一座建筑，大到整个城市都被划分为静止的部分与流动的部分。

静止空间的形态在流动空间的网脉中缩塌为一些点，而这些点则具有各自不同的性质。由于流动空间将原本属性各不相同的空间连接到了一起，因而流动空间天然具有一种包容性，而静止空间则天然具有一种排

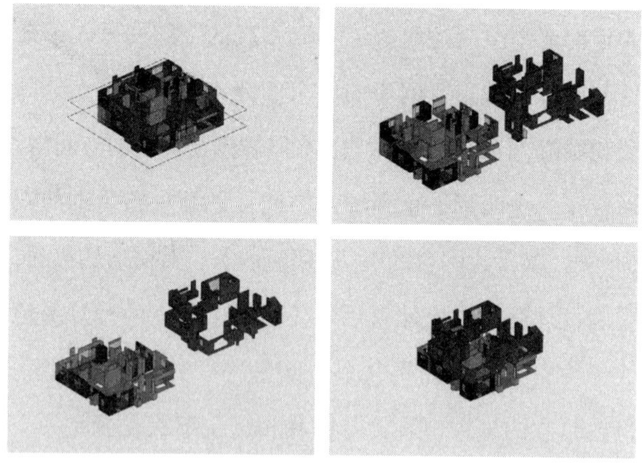

图 16　住宅动静空间研究，2012 年。步骤一：将住宅空间按照行为划分为动与静两个部分；步骤二：将两个部分分开；步骤三：将首层的静空间改造为动空间，将二层的动空间改造为静空间；步骤四：将两个部分重新合成为一个建筑

图片来源：车飞

他性。静止空间是在流动空间之外创造出的绝对的，单一性质的空间。对于流动空间，静止空间如同海岸边的灯塔，在流动空间的总体景观中为人们提供彼此间的参照系或坐标点。在20世纪随着消费主义兴起，城市开始修建大型购物中心，如纽约的梅西百货、巴黎的老佛爷百货等。在这些购物中心的内部人流如织，其空间在设计建造之初就被考虑为城市流动空间的组成部分。1960年代以后在美国开始兴起的某些郊区购物中心，人们甚至可以开车购物。展示空间成为这些购物中心里面唯一静止的空间。虽然购物中心中的流动空间成为一种总体景观，但是其中的展示空间所表征的永远与这个总体景观存在差异。也就是说展示空间无论出于宣传的目的还是市场的需求，那里展示的内容永远与总体景观不同，否则也就不具备展示的意义。流线技术是制造流动空间总体景观的空间技术，但是流线无法穿过展示空间，它只能与之平行或缠绕这些展示空间，因此展示空间成为静止空间，一个超现实的存在。人们可以从中获取知识与经验如同从外部世界和开放空间中获取知识一样。但是人们很难从流动空间获取知识。展示空间在本质上是一种空间技术，它将信息凝结在一个静止不动的表面而不受空间流动的影响，能够像灯塔一样传达出稳定的信号。而在这个展示的表面之后就形成了一个绝对静止的空间。展示技术不仅创造了购物中心里面的静止空间,同样伴随着流动空间向建筑实体内部空间的渗透，它也在向外扩张。这一过程是伴随着空间的流动而同时展开的。在展示空间中，各种事物被还原为解剖学意义上的形态演示，如同 19 世纪博物馆中的动植物标本，像“维特鲁威人”一样被静态的展示。展示空间最迷人之处就在于它为每个观者都创造了一个类似收藏家的身份，使人可以在充满不确定性的流动空间中收藏一份永久的记忆。因此类型学成为展示空间的重要表达方式。类型的现实呈现并不被关注，明确类型之间的差异并作出分类是类型学关注的重点。就如同“维特鲁威人”与黄金分割比例在现实中并不存在一样，它是一种超现实的存在。因此静止空间成为一种平行于流动空间的超现实空间。它出现在博物馆中、商场里、画廊中、教室里、档案馆中、商业街道的两旁的橱窗里，凡是被展示技术渗透或改造过的一切空间里。随着迪士尼主题公园的出现，展示技术甚至开始在静止空间中制造一个城市甚至一个平行宇宙。

展示技术在流动空间之外创造出一系列与之平行的新空间，这些新空间彼此毫无联系，但是“新”与差异是他们的共同点。展示设计在20世纪成为一种新兴的专业。人们甚至在电影中创造了一个更为可视化的展示空间，一个看似流动的静止空间。

5.2.2 机械空间与表皮

从1960年代以后，太空科幻题材的电影开始流行。这也得益于美国与苏联之间的太空竞赛，特别是阿波罗登月计划的实施与全球直播。美国太空总署（NASA）在1960年代甚至开展了在太空中建立殖民城市的研究。人们既希望这个太空城市的流动空间能够拥有反重力以获得星际穿越的能力，同时又希望其静止空间保留近似地球的重力以适于人类生活其间。公映于 1979 年的美国商业科幻电影《异形》讲述了一艘太空船在宇宙中历险的故事。飞船上的人们在外星发现了生物并将其带回到太空船中。最终船上的人被困于船内并与人类和外星生物异化后形成的“异形”进行搏斗。对于这艘太空船位于星际间的航线空间就构成了它的流动空间，而船体内部则是一个静止空间。静止空间的实现得益于一种空间技术，而这个空间技术创造了一个在太空中适于人类生存的空间。空间技术在太空中创造了类似地球的人工环境并将人包裹于其中，如一件宇航服、一座空间站或一艘飞船。这个空间将人严密的包裹，使其完全同流动空间隔离开来。这个包裹形成了一个技术性的表皮，而空间的各种功能都来自于这个表皮。如控制装置、温度与湿度、屏幕与交流等等。因此表皮一定是技术性的并与通往流动空间的速度转换控制有关。在这个表皮与流动空间之间还存在一个为实现表皮功能而被隐藏在表皮之下的机械空间，如各种管道、船体结构与表皮之间的缝隙等。在电影中，当“异形”频频利用这些机械空间展开对船员的屠杀时，这些幸存者不得不利用舱内表皮的各种性能与“异形”周旋。

20世纪最先在美国出现的摩天楼，首先不是作为以一种建筑风格的需要出现，而是一种20世纪空间技术的产物，更确切地说是城市化与工业化在美国相结合的产物。当电梯的发明解决了垂直的通勤，钢结构的发

图17　美国太空总署发起的环形太空城设计，1975年
图片来源：https：//en.wikipedia.org/wiki/Stanford-torus

明解决了高层建筑的结构安全时，摩天楼出现了。随后福特发明的流水线生产方式进一步催生了工业生产的标准化，城市内土地紧缺促使地产投机转向空间。在曼哈顿，人类历史上第一座摩天城市出现了。可以说没有机械设备也就没有摩天楼。在摩天楼出现之前，通常情况下，机械设备只在一座建筑建造成本中占很小的一部分。而在摩天楼中，机械设备通常要占到建造总成本的 1/3 甚至更高。如果说 17 世纪开始流行的钟表机械是一个

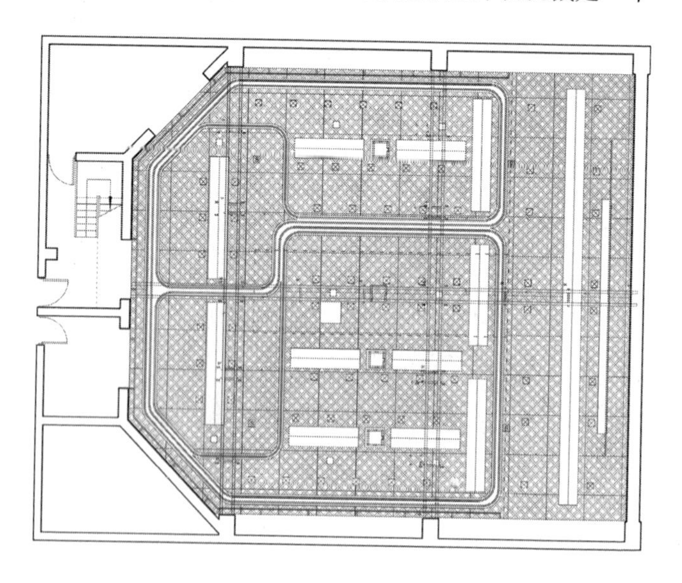

图 18/19　北京服装学院媒体实验室，2013 年，不同材质的隔断被悬挂在由电机驱动的悬轨中，每 10 分钟运行一圈，隔断的形态不断变化，形成空间功能与隔断材料性能相匹配的各种形态。下方形成的流动空间与上方隐藏在吊顶中的机械空间之间并非一个单纯的吊顶，而是一个十分复杂的技术表皮

图片来源：车飞

物件，那么20世纪摩天楼里的机械成为构成空间的必要条件。最先在机械空间与流动空间之间形成隔离的是吊顶的出现，吊顶将人类活动的空间与机械空间隔离开来。在摩天楼里，各种最新的技术被应用其中。空调与暖通技术在摩天楼里创造出一个四季如春的环境，一个与流动空间隔绝开的静止空间。无论在春夏秋冬，无论在北半球或南半球，这个空间可以模拟出任何气候，因为温湿度、光照、气压与通风都是可控的。而这个静止空间的形态来自于表皮技术的组织构成。

实际上这个平行于现实的空间也是一个展示空间，在这里人们收藏了一种生活方式。因此人们可以在室外温度高达40℃的情况下，在室内穿着毛料西服，也可以在室外温度低于零度以下时，在室内身穿短袖衣物运动健身。表皮技术最终将静止空间扩大到人类生活的方方面面。21世纪的智能技术极大地扩展了表皮技术的应用，当表皮与界面、传感器、人工智能、物联网等相结合后，也许表皮技术真的可以构建出一个类似笛卡尔式的“广延空间”。

结语

在17世纪，空间人造物脱离了土地的束缚，初步具有了自主性。空间的内向性与外向性形态从内部空间与外部空间演化出封闭空间与开放空间。在20世纪，空间人造物被速度所俘获，其开放空间与封闭空间的形态中演化出新的特征：流动空间与静止空间。空间的内向性与外向性的形态演变并非像本文的叙述结构那样呈线性演化，内部空间与外部空间被开放空间与封闭空间所代替，而后又被流动空间与静止空间所取代。实际上历史上的每个地区以及每种文化区域都因为自身以及周边环境的差异而形成各具特色的形态演化。甚至这些结构性的形态彼此之间也不是替代性的，而是彼此叠加、交错甚至融合。这也是当代城市空间形态复杂性的原因之一。在大多数城市中，内部空间与外部空间，开放空间与封闭空间以及流动空间与静止空间都同时存在，在形态上彼此交叠。在不同的国家与文化地区，这些形态演化的进程也是不同的。此外需要特别说明的是，本书是围绕空间形态的认识论展开的，而发生于17世纪欧洲的科学革命所引发的空间革命都对后世的空间形态演变产生了重大的影响。特别是在城市化与工业化相融合的过程中，大量激变的空间形态最先从欧洲出现，因此本书的关注点大多在欧洲城市与地区，除非特别标示，否则文中所陈述的空间形态演变都是以欧洲地区为背景的。这并不是说欧洲以外的国家或地区的空间形态演变不重要或缺之特色，而仅仅是出于为了行文结构的简洁与清晰，如同用显微镜观察生物细胞形态而去选取一个最为清晰的生物切片。同时如果将这种演化放置于更为宏大的全球视野之中去观察，其实并无必要，当然也是作者的能力所不及的。

21世纪是互联网的时代，互联网的建造在本质上与铁路网的建造并没有根本区别。只是火车在铁轨上的速度大约是几百公里，而信息在互联网的光纤中是

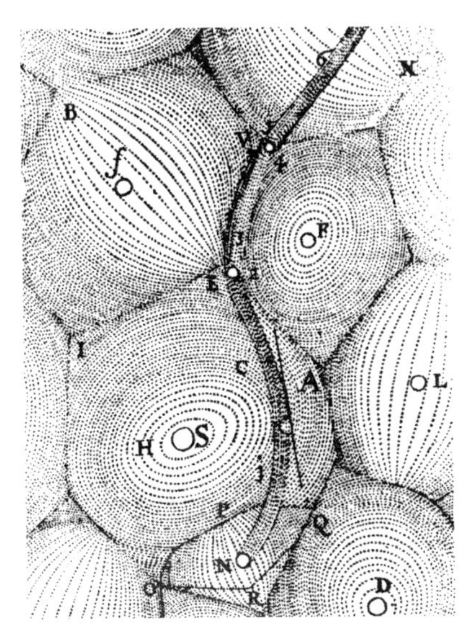

图 20 广延空间内的物质微粒的支柱，笛卡尔《哲学原理》的插图
图片来源：贝纳沃罗，《世界城市史》，科学出版社，2000，P701

以接近光速运行的。因此互联网上的所谓“虚拟空间”仍然是速度机器用来管理速度的一种分类方式，例如信息高速公路的建设。在网络视频会议中，并不是人们超越了空间的限制或者转变为某种数字化的存在，而是人们在信息高速公路上实现了光速运动，并在互联网的流动空间之外的静止空间中相聚。在互联网中，

空间仍旧呈现为流动空间与静止空间，前者是各种网络冲浪的空间，后者则是那些私人邮箱，网络聊天室等。人们仍旧沉浸在表皮技术制造的展示界面中并在流线技术制造的流动中不断切换。因此在21世纪初，互联网并没有创造出全新的空间形态。就像地铁的出现，人们对待它既不要抱有过高的期望，也不能低估其改变我们日常生活的力量。

索引

人名索引：

专有词汇索引：

参考文献

1. Ballantyne，Andrew（edited）. *Deleuze & Guattari for Architecture*，London and New York：Routledge，2007.

2. Benevolo，Leonardo.*Die Stadt in der Europaeischen Geschichte*. trans. Peter Schiller，Munich：Beck，1999.

3. Benevolo，Leonardo. *Die Geschichte der Stadt. trans*. Juergen Humburg，Campus Verlag，2000.

4. Descartcs，Rene. *Meditations on First Philosophy with Selections from the Objections and Replies*. UK：Cambridge university press，1986.

5. Frampton，Kenneth. *Modern Architecture，A Critical History*. London：Thames & Hudson，2007.

6. Hays，K. Michael（edited）. *Architecture Theory since* 1968. Cambridge：The MIT Press，2000.

7. Kocka，J ü rgen. and Mitchell，Allan.（edited.）.

Bourgeois Society in Nineteenth-Century Europe. Oxford and Providence : Berg Publishers, 1993.

8. Kruft, *Hanno-Walter*, *Geschichte der Architektur Theorie*, Muenchen : C.H.Beck, 1985

9. Leach, Neil. (edited) . *Rethinking Architecture*, *A Reader in Cultural Theory*. London and New York : Routledge. 1997

10. Lefebvre, Henri. *The Urban Revolution*. trans. Robert Bononno, Minneapolis : University of Minnesota, 1991.

11. Mumford, Lewis. *The City in History*, *Its Origins*, *Its Transformations*, *and Its Prospects*. New York : Harcourt, 1989.

12. Mumford, Lewis. *The Culture of Cities*, London : Secker and Warburg, 1940.

13. Nesbitt, Kate. (edited.) . *Theorizing A New Agenda for Architecture*, *An Anthology of Architectural Theory* 1965–1995. New York : Princeton Architectural

Press. 1996.

14. Norberg-Schulz, Christian. *Architecture : Presence, Language and Place.* Milano : Skira, 2000.

15. Rossi, Aldo. *The Architecture of the City.* trans. Diane Ghirardo and Joan Ockman, Massachusetts : The MIT Press, 1984.

16. Tafuri, Manfredo. *Architecture and Utopia, Design and Capitalist Development.* trans. Barbara Luigua La Penta, Massachusetts : The MIT Press, 1999.

17. Toennies, Ferdinand. *Gemeinschaft und gesellschaft.* trans. Darmstadt : Wissenschaftliche Buchgesellschaft, 1991.

18. Ungers, Liselotte. *Ueber Architekten : Leben, Werk & Theorie.* Köln : Dumont, 2002.

19. Vitruvius. *The Ten Books on Architecture.* trans. Morris Hicky Morgan, New York : Dover, 1960.

20. Wallenstein, Sven-Olov, *Bio-Polotics and the Emergence of Modern Architecture*, New York : Princeton Architectural Press, 2009.

21. 安德烈・比尔基埃.家庭史，遥远的世界，古老的世界.袁树仁、姚静、肖桂、赵克非、邵济源、董芳滨译.北京：三联书店，1998.

22. 斯蒂芬・加得纳.人类的居所，房屋的起源和演变.汪瑞、黄秋萌、任慧译.北京：北京大学出版社，2007.

23. 车飞.北京的社会空间性转型——一个城市空间学基本概念.北京：中国建筑工业出版社，2013.

24. 大卫・哈维.巴黎城记，现代性之都的诞生.黄煜文译.桂林：广西师范大学出版社，2010.

25. 柯林・罗，罗伯特・斯拉茨基.透明性.金秋野，王又佳译.北京：中国建筑工业出版社，2008.

26. 彼得・默里.文艺复兴建筑.王贵祥译.北京：中国建筑工业出版社，1999.

27. 克里斯蒂安・诺伯格－舒尔茨.西方建筑的意义.李路珂，欧阳恬之译.王贵祥校.北京：中国建筑工业出版社，2005.

致谢

这本书是过去十年间我对空间形态认识论问题的陆续思考的结果。并不是说我在某种因素的作用下对这一问题持续思考了十年之久，而是因为在过去十年间的建筑实践中、教学中、生活里甚至是旅行中，总会有什么东西提示我又回到这个问题的思考之上。如何认识空间？如何发现空间？如何分析空间形态的基本结构形式？我常常不由自主地会陷入这样的思考之中。在此过程中同许多良师益友的交流也让我受益匪浅，在此实在无法将他们的名字全部罗列出来，我只能将这份感谢埋藏于心底，并借助这本书的出版与大家共同分享这份喜悦。除此之外，我非常感谢中国建筑工业出版社的何楠编辑，没有她定期的催促与热心的勉励，这本书将始终难以完成。我也要感谢我的夫人，也是我建筑实践事业上的合伙人章雪峰，正是在她的帮助下,我们一起在学术与事业上共同成长。此外,她也在本书的写作中给予了我中肯的建议。最后我还要特别感谢我的家人,特别是我的父亲张立国,他在1988年出版的著作《绘画色彩观念的演变》给了我关于这本书的启发。

最后我将这本书献给我的父亲张立国。

图书在版编目（CIP）数据

空间的内向性与外向性/车飞著．—北京：中国建筑工业出版社，2019.8

ISBN 978-7-112-23661-9

Ⅰ．①空…　Ⅱ．①车…　Ⅲ．①城市空间-研究
Ⅳ．①TU984.11

中国版本图书馆CIP数据核字（2019）第081352号

责任编辑：何　楠
责任校对：李美娜
书籍设计：康　羽

空间的内向性与外向性
车飞　著

*

中国建筑工业出版社出版、发行（北京海淀三里河路9号）
各地新华书店、建筑书店经销
北京雅盈中佳图文设计公司制版
北京建筑工业印刷厂印刷

*

开本：787×1092毫米　1/32　印张：5 1/8　字数：67千字
2019年8月第一版　2019年8月第一次印刷
定价：38.00元
ISBN 978-7-112-23661-9
（33961）